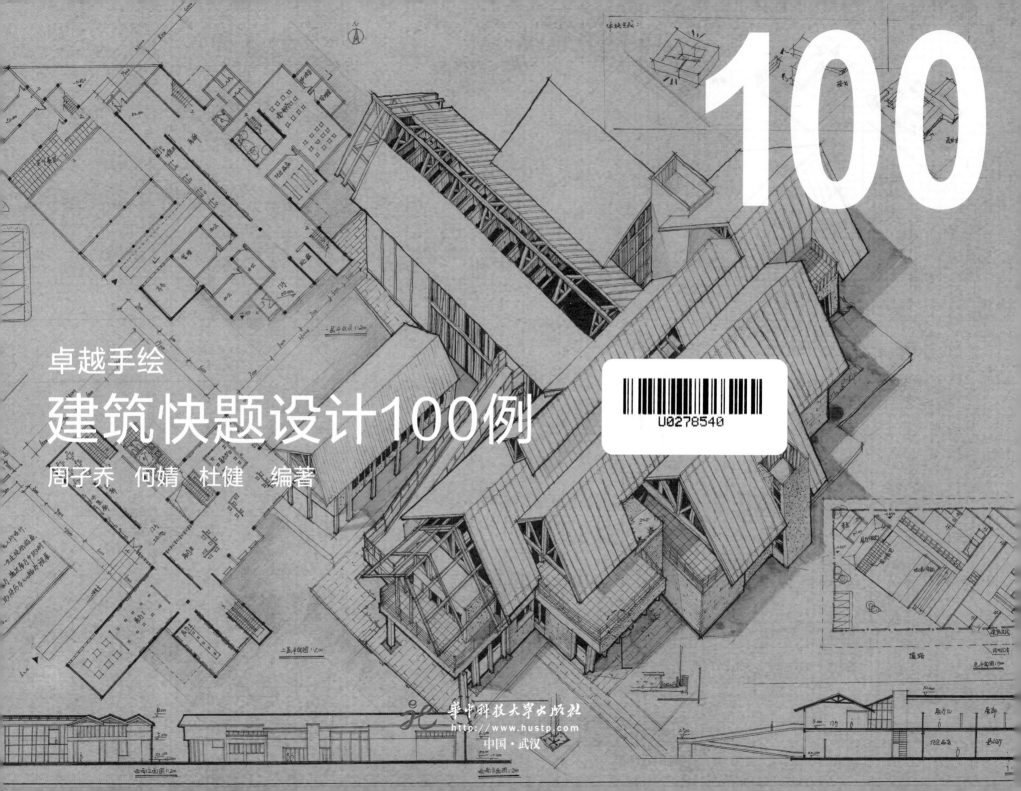

100

卓越手绘

建筑快题设计100例

周子乔　何婧　杜健　编著

华中科技大学出版社
http://www.hustp.com
中国·武汉

图书在版编目(CIP)数据

建筑快题设计100例 / 周子乔，何婧，杜健编著.－武汉 ：华中科技大学出版社，2019.7
（2021.12 重印）
（卓越手绘）
ISBN 978-7-5680-5148-4

Ⅰ．①建… Ⅱ．①周… ②何… ③杜… Ⅲ．①建筑画－绘画技法 Ⅳ．①TU204.11

中国版本图书馆CIP数据核字(2019)第068255号

建筑快题设计100例
周子乔　何婧　杜健　编著
JIANZHU KUAITI SHEJI 100 LI

出版发行：华中科技大学出版社（中国·武汉）	电话： （027）81321913
武汉市东湖新技术开发区华工科技园	邮编： 430223
出 版 人：阮海洪	

责任编辑：梁　任	责任监印：朱　玢
责任校对：周怡露	装帧设计：张　靖

印　　刷：湖北金港彩印有限公司
开　　本：880mm×1230mm　　1/16
印　　张：10.25
字　　数：99千字
版　　次：2021年12月第1版第2次印刷
定　　价：68.00元

投稿热线： （027）81339688
本书若有印装质量问题，请向出版社营销中心调换
全国免费服务热线：400-6679-118　竭诚为您服务

前　言

快题设计的学习，一般都是从模仿开始，这就好比学习舞蹈，老师无法对舞姿进行定量分析，初学者只能通过观察和模仿优秀舞蹈者的表演来获得进步。因此，对初学建筑设计的同学们来说，我认为可以先从观察、学习优秀的快题开始。

根据我们多年的教学经验来看，初学建筑快题主要存在以下两个典型的困难：首先，是常用的规范和技术要点较为分散，缺乏专门的指导书籍；其次，是各校真题繁多，很难在浩瀚的题海中进行选择。

针对这两个常见的问题，本书的第一章将常用规范和技术要点进行了初步总结，以帮助广大零基础的同学们用最快的速度了解快题考试。同时，对于有基础的同学们而言，也可以在需要的时候查阅规范，加深对规范的理解，起到工具书的作用。

根据多年的教学经验，我们总结了若干套具有代表性的真题，以专题题目的方式进行了汇总讲解，涵盖了常见的考试类型，并附有一些较为优秀的同学的快题，供各位考生参考，以起到抛砖引玉、开拓思路的作用。

最后，针对各校不同的题目，我们汇总了一些优秀的快题作品，供广大学子参考。

快题的本质仍然是设计，设计意味着永远都没有一个固定的解法，因此，本书中所展示的快题亦有其局限性，并且大部分快题都是在限时训练中当场完成的设计，其中也不乏一些设计不甚完善的地方。不过我相信，存在即有其合理之处，就会有学习和借鉴的价值，因此拿出来与广大学子交流、分享，而那些不甚完善的地方，我们也希望在以后的教学中能够做得更好，不断努力为大家带来更好的教学体验，成为国内顶尖的快题教育培训机构。

负责编写各章节内容的执笔人分别是：第 1 章为周子乔；第 2 章第 1～4 节为周子乔，第 5 节为杜健，第 6 节为何婧；第 3 章第 1～3 节为刘方平，4 节为蒋丽莉；第 4 章第 1 节为吕律谱，第 2～3 节为蒋丽莉；第 5～6 章为周子乔、何婧、杜健、刘方平、蒋丽莉、吕律谱共同指导完成。

希望各位喜欢这本书，也再次感谢为本书提供优秀作品的、一直支持我们的卓越学子们，祝各位都学业有成，考上自己心仪的院校！

周子乔

2019 年 3 月

目　录

第 1 章

初识建筑快题

1.1 基本概念

建筑快题全名为建筑快速设计考试，主要考查的是设计人员在短时间内的方案构思能力和设计表达能力，通常分为 3 小时快题与 6 小时快题，总分为 150 分。

1.2 评分标准

1. 基本要求及计分标准

表 1-1　建筑快题考试要求

时间	3 小时	6 小时
表达方式	铅笔	墨线 + 马克笔
要求	1. 充分利用场地自然条件，妥善处理建筑与环境的关系 2. 充分考虑建筑的性质与特点，合理组织建筑功能空间 3. 满足规范与设计标准的要求	

表 1-2　快题计分标准

平面图（总平面图）	约 40 分	剖面图	约 20 分
透视效果图	约 40 分	分析图	约 10 分
立面图	约 30 分	排版与文字说明（技术指标）	约 10 分

2. 阅卷分档

阅卷老师在评分过程中，首先会把所有的卷子进行分档，然后再确定具体分数。当然这个分档主要是依据画面的整体效果判定，因此在快题设计中，卷面的整体效果至关重要，如果只是某一方面处理得很好，也是很难得到高分的。具体分数值与评分点见表 1-3（供参考），快题设计常考建筑类型见表 1-4。

表 1-3　快题分数值与评分点

分数值 评分点	150~130（A 档）	129~110（B 档）	109~90（C 档）	90 分以下（D 档）
题意	切合题意	符合题意	基本符合题意	偏离题意
效果	完整性强	效果完整	效果基本完整	琐碎凌乱
布局	合理新颖	合理规范	基本合理	布局散乱
造型	实用、美观、突出主题	结构完整、符合题意	形态基本准确	结构混乱
细节	细节丰富、精彩	画面整洁	主次表达分明	混乱、模糊

注意：此表是根据多年的教学经验总结出来的，不能作为绝对标准，具体得分取决于学校要求和阅卷老师的要求。

表 1-4　快题设计常考建筑类型

序号	类型	备注
1	文化展览建筑	经常考查的建筑类型之一
2	服务型建筑	主要考查多功能复合的处理能力
3	休闲餐饮建筑	功能较为简单
4	办公建筑	注重原有办公功能基础上的某一特色功能空间的延伸与应用
5	阅览建筑	多为图书馆类型建筑
6	居住建筑	侧重于居住小区的总体规划设计
7	公共交通建筑	考查交通流线设计和建筑与周边场地的处理能力
8	改造类建筑	结合以上建筑类型出题
9	其他	/

3. 考题趋势

近年来，因为国家推行全方位的高等院校扩招政策，导致研究生报考水准浮动较大。因此，研究生入学快题考试总体上呈现出以下趋势。

（1）考查专业化。更加注重考查建筑设计基本功。

（2）思维灵活化。更加关注空间操作能力，反套路、反押题。

（3）综合全面化。对于考生要求更高，需要积极应对考题难点，提出合适的应对策略。

（4）趋向实际化。注重结构设计、构造设计，趋向解决实际问题。

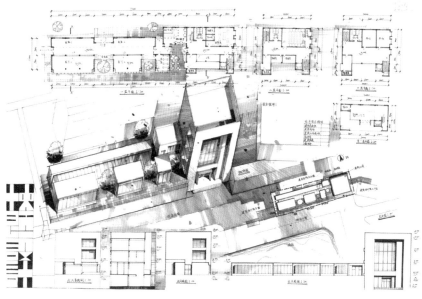

3 小时快题

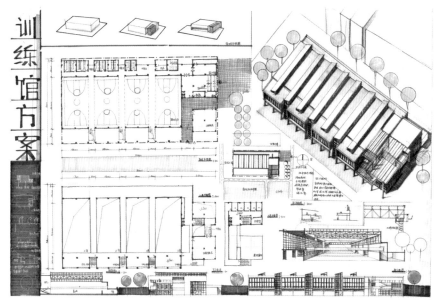

3 小时快题

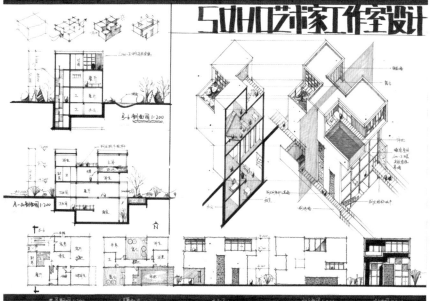

6 小时快题

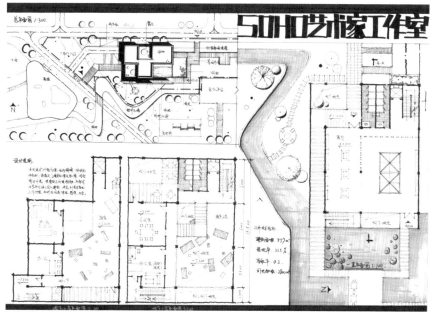

6 小时快题

第 2 章

建筑快题的制
图方法

2.1 总平面图的制图方法

总平面图是用水平投影法和相应的图例，在画有等高线或加上坐标方格网的地形图上，画出新建、拟建、原有、要拆除的建筑物和构筑物的图样。

1. 总平面图制图步骤

（1）铅笔稿：铅笔稿宜清淡，注意在铅笔稿阶段一定要标记好文字标注部位，以免遗忘。

（2）建筑墨线：建筑墨线宜清晰，力求准确，注意尺度感。一般建筑轮廓线会加粗。

（3）环境墨线：环境墨线宜选用一支最细的绘图笔来绘制，主要起到衬托底图的作用，注意不要和标注混淆，应该突出标注和建筑。

（4）阴影：正确的阴影表达可以很好地表达图底关系，建筑和植物都要画上阴影，注意统一阴影方向，颜色用设计家马克笔999（黑色）。

（5）标注及文字：标注包括各入口标志（主入口、次入口、机动车入口）、黑色三角形符号、场地标高、建筑名称及层数、用地红线、建筑控制线、文字说明、经济技术说明、比例尺、指北针等。例如指北针，是图纸上的方向标志，针尖指向北方，表示图纸上建筑物相对于北方的坐落方向。圆的直径宜为24 mm，指针尾部宽度宜为3 mm，尖端为北向，指针应涂黑。当图面较大，需采用较大指北针时，指针尾部宽度宜为圆直径的1/8。

（6）上色：总图的配色应该稳重，避免纯度太高的颜色，新建建筑一般来说应以留白的方式体现，机动车道和停车位不上色，周围环境以平涂的方式满布，以突出新建建筑。

2. 注意事项

（1）用地红线用粗虚线表达，建筑红线用细虚线表达。

（2）场地标高精确到小数点后两位，一般选择在建筑主入口位置进行标注。

（3）保留场地地形、等高线、场地原有及规划道路、绿化带等位置。

（4）技术经济指标：用地面积、总建筑面积、占地面积、建筑密度、容积率、绿地率、建筑层数、停车位。

（5）设计说明：表达设计思路的文字，50字即可。

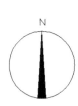

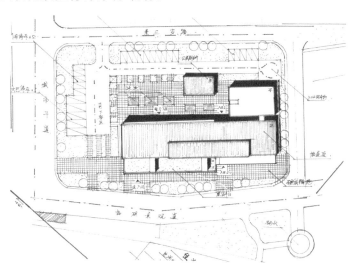

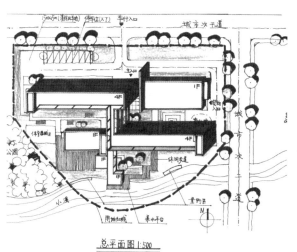

总平面图1:500

2.2 平面图的制图方法

建筑平面图是设想将平面图进行水平剖切，比如在某门窗洞口（距离楼地面高度1.2~1.5 m）的范围内，将建筑物水平剖切开，对剖切平面以下部分所作的水平正投影图。

1. 平面图制图步骤

（1）用铅笔绘制墙体轴线与柱网：第一步是根据草图阶段的图纸，直接用铅笔绘制墙体轴线和柱网。

（2）铅笔标注门窗：第二步是在墙体的轴线上，在门窗的位置进行标注。

（3）马克笔绘制填充墙：第三步用深灰色的马克笔表示填充墙，直接以之前绘制的铅笔墙轴线为中线进行绘制，遇到门窗标注的位置时则跳过，完成墙体的填充绘制。

（4）墨线收边，绘制细节：第四步是用墨线把刚才完成的填充墙的墙线补上，完成墙体的收边工作，并在门窗标注的位置将门窗细节补上，注意门的开启方向和宽度。

（5）其他细节标注：完成其他细节标注，比如各楼面标高、分水线、上下箭头指示、楼梯间、卫生间等。

2. 注意事项

（1）墙：墙线一般分为承重墙和非承重墙，或者是玻璃墙。

（2）柱：快题设计一般以方柱为主，多层建筑柱截面尺寸一般为400 mm×400 mm。

（3）门：单扇门（最常用）尺寸为900 mm，设备间门的尺寸为800 mm，双扇门的尺寸为1500 mm，入口处门的尺寸为1800 mm。应注意在墙上预留门垛的宽度，以方便安装。

（4）窗：使用0.5线型双线（高窗外侧两条剖到墙体的线是实线，而内侧两条剖到窗的是虚线）。

（5）楼电梯：注意首层楼梯、中间层楼梯、顶层楼梯画法的区别，且要有箭头标注。注意台阶数量与层高的关系，注意台阶宽度要按照所设计的宽度来绘制。电梯还需要绘制轿厢、平衡块、门。

（6）卫生间：绘制蹲位、小便池、洗手台、分水线等。

（7）尺寸标注与文字标注：线性尺寸指长度尺寸，单位为mm。它由尺寸界线、尺寸线、尺寸起止符号和尺寸数字四部分组成，如下图所示。

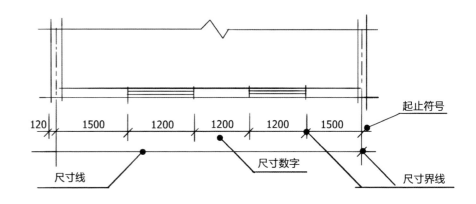

（8）比例尺与图名：图名的标注形式为，图名写在粗实线上，比例紧随其后，但不在双线之内，如下图所示。

平面布置图　1：100

（9）定位轴线：定位轴线采用单点划线绘制，端部用细实线画出直径为8 ~ 10 mm的圆圈。横向轴线编号应用阿拉伯数字从左至右编写，竖向编号应用大写拉丁字母从下至上编写，但不得使用I、O、Z三个字母，如下图所示。

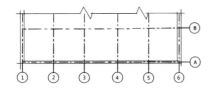

附加定位轴线编号，应以分数形式按规定编写。两根轴线之间的附加轴线，分母表示前一轴线的编号，分子表示附加轴线的编号，编号宜用阿拉伯数字顺序编写，如下图所示。

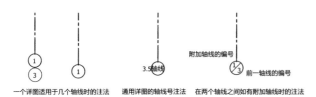

一个详图适用于几个轴线时的注法　　通用详图的轴线号注法　　在两个轴线之间如有附加轴线时的注法

（10）制图线型。

表 2-1　建筑制图常用线型

名称		线型	线宽	用途
实线	粗		b	主要可见轮廓线
	中		$0.5b$	可见轮廓线、尺寸线、变更线
	细		$0.25b$	图例填充线、家具线
虚线	粗		b	见各有关专业制图标准
	中		$0.5b$	不可见轮廓线
	细		$0.25b$	图例填充线、家具线
单点划线	粗		b	见各有关专业制图标准
	中		$0.5b$	
	细		$0.25b$	中心线、对称线、定位轴线
双点划线	粗		b	见各有关专业制图标准
	中		$0.5b$	
	细		$0.25b$	假想轮廓线、成型前原始轮廓线
折断线			$0.25b$	断开界线
波浪线			$0.25b$	

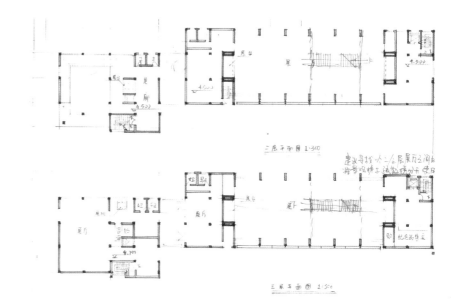

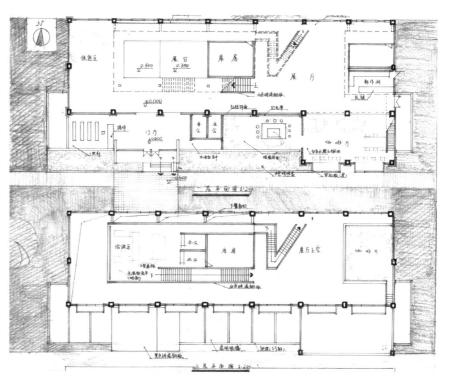

2.3 立面图的制图方法

立面图是在与房屋立面平行的投影面上所绘制的房屋的正投影图。

1. 立面图制图步骤

（1）铅笔定基本轮廓：画出建筑外轮廓和各层楼板的位置，并以此为基础标注门、窗等。

（2）墨线完成基本图形绘制：注意加粗建筑外轮廓、室外地面，以及建筑标注标高。另外注意图名标注和比例。

（3）上色：上色需要区别材质和光影，背景建议进行单色平涂，以衬托主体。

2. 注意事项

（1）建筑立面图应包括投影方向可见的建筑外轮廓线、墙面线脚和结构配件。

（2）外墙面根据设计要求可选用不同材料及做法。

（3）在建筑立面图中，一般仅标注必要的竖向尺寸和标高，该标高指的是相对标高，即相对于首层室内主要地面（标高值为零）的标高。建筑总高度、楼层位置辅助线、楼层数和标高及关键控制标高的标注，如女儿墙或檐口标高等。

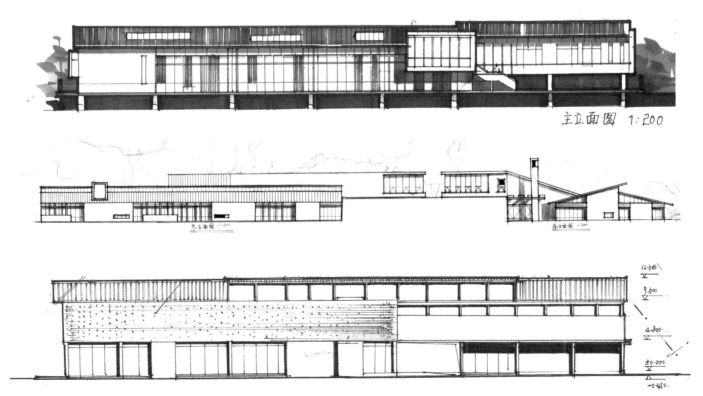

主立面图 1:200

2.4 剖面图的制图方法

剖面图是假设用一个剖切平面将物体剖开，移去介于观察者和剖切平面之间的部分，对于剩余的部分向投影面所做的正投影图。

1. 剖面图制图步骤

（1）确定各楼面标高，以及各柱跨的具体位置。

（2）绘制各楼面被剖切的承重构件（如梁、板），先绘制被剖切的建筑构件，有助于明确绘制主体。

（3）补充看线：用墨线补齐各看线及标注；完善梁、板、柱，完善双线绘制剖到的墙体、女儿墙、栏杆，完善看到的墙体、女儿墙、栏杆，完善楼梯、坡道、台阶。

（4）标注：标注房间名称、剖面标高系统及配景。

2. 注意事项

（1）标高：应该标注被剖切到的外墙门、窗的标高，室外地面的标高、檐口、女儿墙顶，以及各层楼地面的标高。

（2）大跨度。① 井字楼板：为混凝土梁板结构，与井字楼盖的梁等高，间距在 3~4m，常用井字梁截面高度为跨度的 1/20 至 1/15。② 网架结构：网架金属杆件宽 100 mm，网架金属屋面板厚 100 mm，平板网架的网格尺寸取决于网架的跨度。

（3）楼梯剖到处涂黑，看到的楼梯部分只需绘制线条，不必涂黑；楼梯栏杆一般高 1.2 m，注意楼梯处表达梁（平台梁、梯口梁）、板、柱关系。

（4）楼板宽 100 mm，梁高 800 mm 左右，梁宽 350 mm 左右，承重墙体厚 200~300 mm，轻质隔墙厚 50~100 mm，栏杆宽 50~100 mm，玻璃幕墙厚 20~50 mm。地面楼板和剖到的梁全部涂黑。

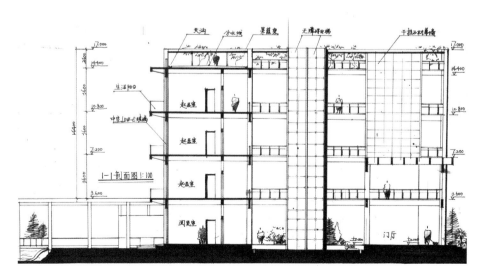

2.5 效果图的制图方法

效果图的表现方式多种多样，可以分为：透视图、鸟瞰图、轴测图三大类型。

1. 透视图

透视图具有绘制简单、气氛强烈的特点。一般分为一点透视图、两点透视图、三点透视图。

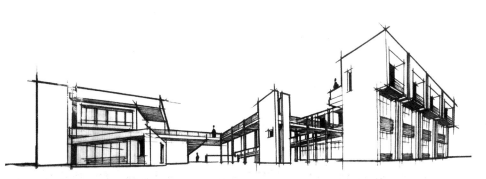

2. 鸟瞰图

鸟瞰图是根据透视原理，用高视点透视法从高处某一点俯视地面绘制成的立体图。鸟瞰图最大的优势在于气势宏大，而且可以很好地展现建筑的第五立面——屋顶。

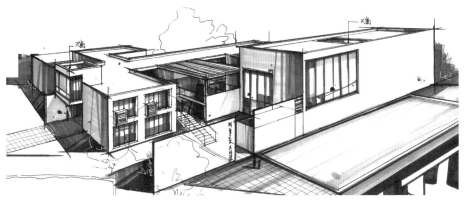

3. 轴测图

　　用平行投影法将物体连同确定该物体的直角坐标系一起，沿不平行于任一坐标平面的方向投射到一个投影面上，所得到的图形称为轴测图。

绘制步骤为：

第一步：确定屋顶平面图，根据竖向层高，确定大致体块关系。

第二步：对建筑细部进行刻画。

第三步：表达整体明暗关系并上色。

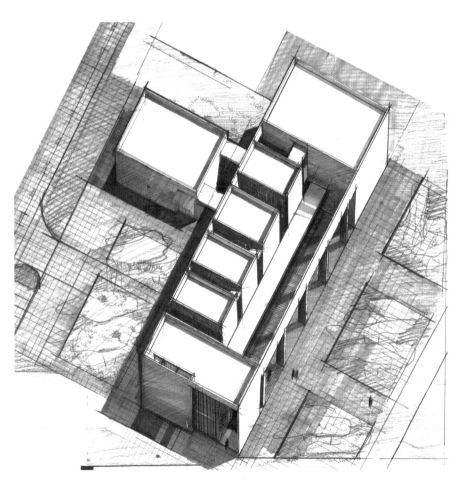

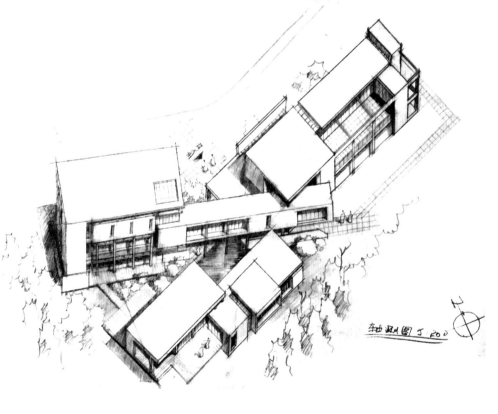

2.6 分析图的制图方法

1. 场地分析图

　　场地分析图绘制内容包括场地水系分析、场地绿地分析、场地路网分析和场地建筑机理分析等。

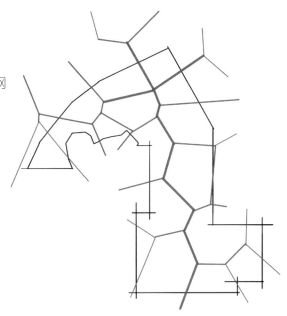

场地水系分析

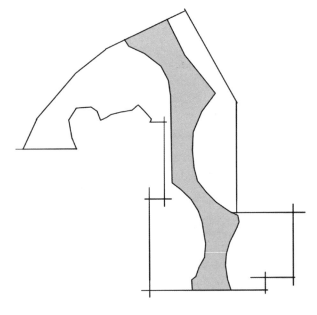

场地绿地分析

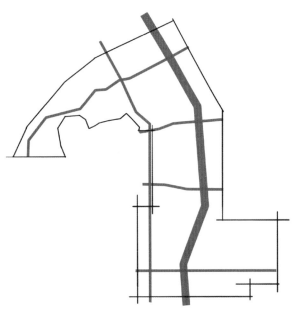

场地路网分析

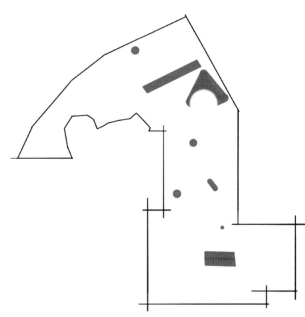

场地建筑机理分析

2. 建筑分析图

建筑分析图绘制内容包括竖向流线分析、体块生成分析和通风分析等。

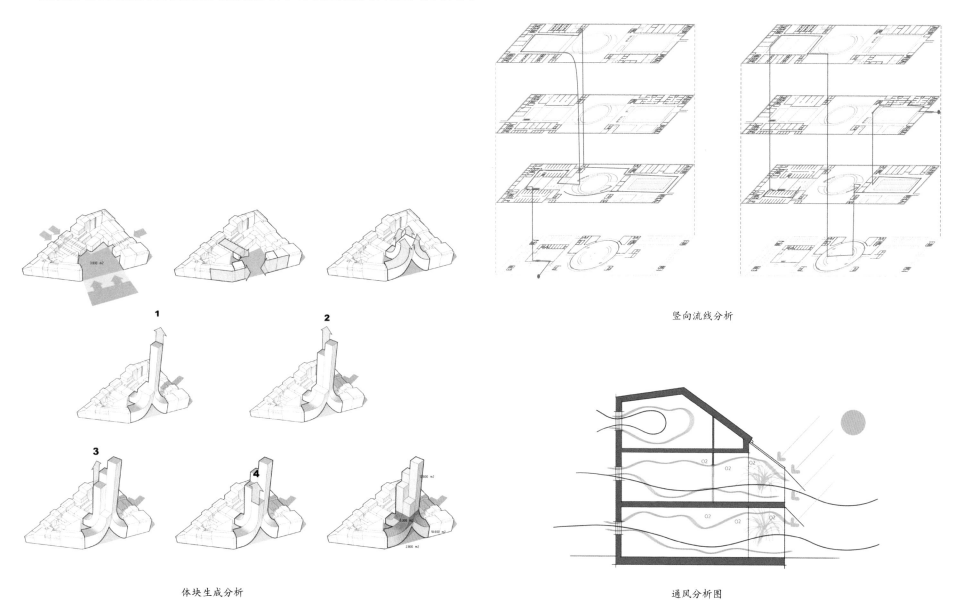

竖向流线分析

体块生成分析

通风分析图

第 3 章

建筑快题常用

规范速查

3.1 总平面设计常用规范

1. 场地退界

（1）周围城市道路的等级状况。城市主干路宽度 30~40 m，城市次干路宽度 20~24 m，城市支路宽度 14~18 m。并以道路红线进行退让得到建筑控制线：主干路退 12 m，次干路退 9 m，支路退 6 m。主干路与主干路相交处退 11 m，主干路与次干路相交处退 8 m，次干路与支路相交处退 5 m。

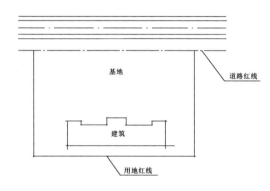

（2）日照方面：多层建筑按 1.1H 退日照，高层 50 m 以下按 22+0.2H 退日照，50 m 以上按 27+0.1H 退日照。

日照时间带系是根据日照强度与日照环境所确定。实际观察表明，在同样的环境下，大寒日上午 8 时的阳光强度和环境效果与冬至日上午 9 时的接近。

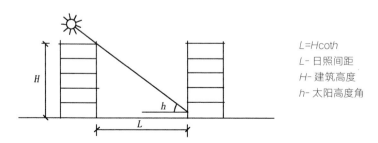

$L=H\cot h$
$L-$ 日照间距
$H-$ 建筑高度
$h-$ 太阳高度角

（3）对于规划河河道（蓝线），两侧新建建筑至少退蓝线 10 m。山川（绿线）、多层建筑的主要朝向至少退 3 m，次要朝向至少退 2 m。

2. 场地开口

（1）规范规定主干路与主干路相交时，车行入口要退交叉口 70 m。若不是主干路与主干路相交，也应该对交叉口尽量退让一定距离，以免对城市交通造成压力。

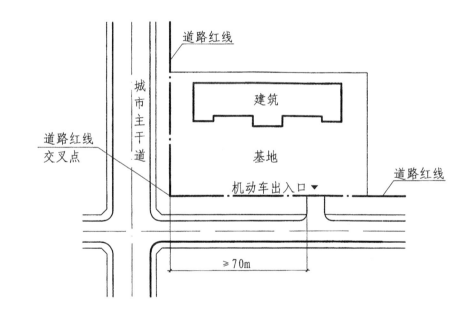

（2）城市快速路禁止开口，城市主干路 (30~40 m) 一般情况下不开口，城市次干路 (20~24 m) 与城市支路 (14~18 m) 常常作为车行开口的选择。

（3）车行出入口的宽度应该大于双车道宽度，即大于或等于 7 m。单车道宽度不小于 4 m，双车道宽度不小于 7 m，人行道宽度不小于 1.5 m。

3. 防火间距

表 3-1　民用建筑之间的防火间距（单位：m）

建筑类别		高层民用建筑	裙房和其他民用建筑		
		一、二级	一、二级	三级	四级
高层民用建筑	一、二级	13	9	11	14
裙房和其他 民用建筑	一、二级	9	6	7	9
	三级	11	7	8	10
	四级	14	9	10	12

一、二级民用建筑之间的防火间距示意图如下图所示。

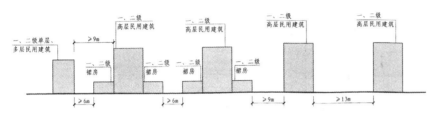

4. 停车设计

（1）停车位数量小于或等于 50 个时，只开一个 7 m 宽的双车道入口即可。停车位数量大于 50 个时，需要开两个 7 m 宽的双车道入口。

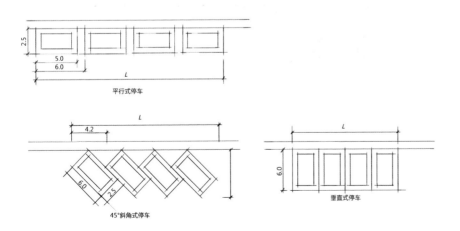

（2）残疾人停车位，应在车位两旁扩大 1.2 m，尾部扩大 1.5 m，以方便残障人士上下车及取物。

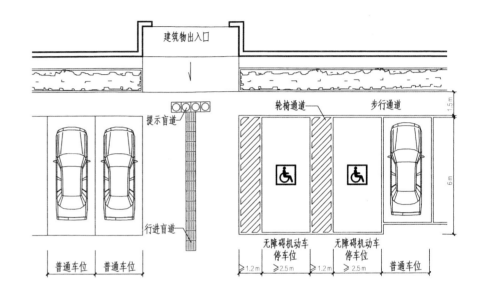

（3）停车位最好不要压红线，也不要压建筑外墙线。一般退让 1~2 m，以保证安全。

（4）停车场宜做生态停车位，以提高绿地率。

（5）尽端式车行道长度超过 35 m 就需要设置回车场，而且车行道长度不宜大于 120 m，应设不小于 12 m×12 m 的回车场。供大型消防车使用的回车场不应小于 15 m×15 m。

3.2 建筑平面设计常用规范

1. 入口的无障碍设计

快题设计中常用的坡度为 1/12、1/10、1/8，其中 1/12 常用于室外，1/10 和 1/8 常用于室内，1/8 是室内正常人常用坡度，1/10 是室内残疾人常用坡度。室内坡道水平投影超过 15 m 时（也就是每上升 1.5 m），就必须设置一个休息平台，平台进深小于或等于 1.5 m。坡道两侧 0.9 m 处设置扶手。

2. 出入口平台

安全出口平台和疏散楼梯间平台进深不小于 1.5 m；人流量大的平台进深不小于 3 m。

3. 台阶

室内、外台阶宽度不宜小于 0.3 m，台阶高度不宜大于 0.15 m 且不宜小于 0.1 m。台阶数量不宜少于两级，不足两级时，可用坡道处理。

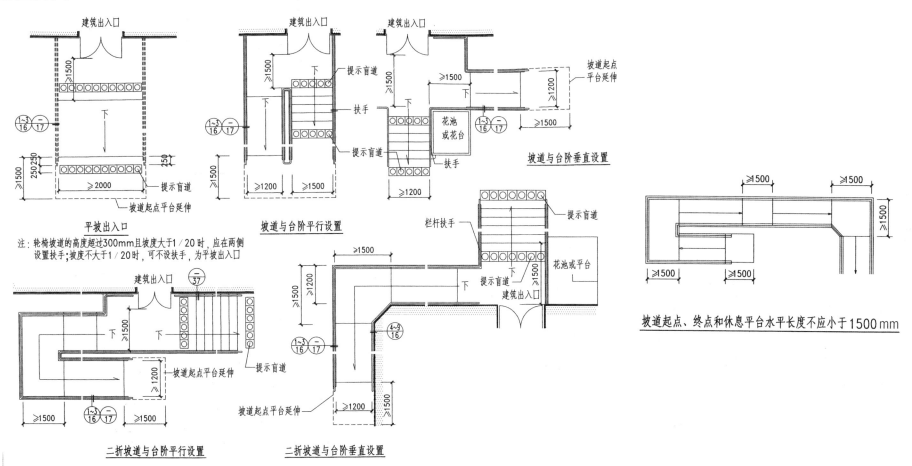

平坡出入口

注：轮椅坡道的高度超过300mm且坡度大于1／20时，应在两侧设置扶手；坡度不大于1／20时，可不设扶手，为平坡出入口

坡道与台阶平行设置

坡道与台阶垂直设置

二折坡道与台阶平行设置

二折坡道与台阶垂直设置

坡道起点、终点和休息平台水平长度不应小于1500 mm

4. 走道

人流量大时走道不小于 2 m，人流量小时走道不小于 1.5 m，展廊走道 3~4 m。

5. 楼梯

单跑楼梯不超过 18 级台阶，台阶为 150 mm×300 mm（高×宽）。梯段宽度不小于单跑楼梯宽度，且楼梯间的数量要满足疏散和防火要求。

疏散楼梯间：楼梯间应能接收天然采光和自然通风，并靠外墙设置。靠外墙设置时，楼梯间、前室及合用前室外墙上的窗口与两侧门、窗最近边缘的水平距离不应小于 1 m。

封闭楼梯间：用建筑构件进行分隔，能防止烟和热气进入楼梯间。

防烟楼梯间：在楼梯入口处设置防烟室或专供排烟用的阳台、凹廊等，且通向前室和楼梯间的门均为乙级防火门的楼梯间。

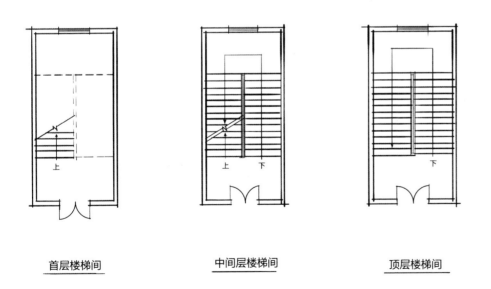

首层楼梯间　　　　中间层楼梯间　　　　顶层楼梯间

6. 电梯

井道尺寸为 2.1 m×2.1 m，电梯门宽 1m。

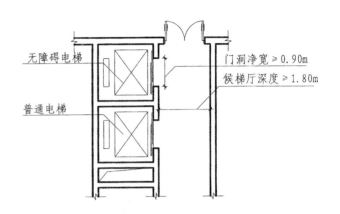

7. 扶手电梯

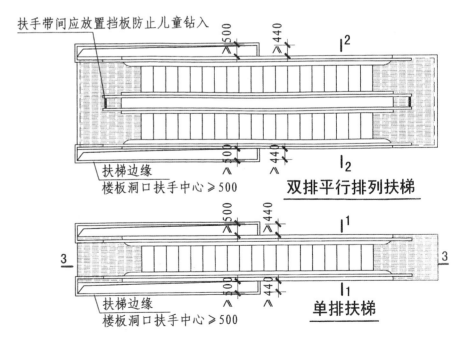

双排平行排列扶梯

单排扶梯

8. 卫生间

卫生间要满足自然通风和采光的要求。注意设置无障碍残疾人卫生间，卫生间内、外要画分水线。对外使用的卫生间男、女蹲位至少各4个，办公人员卫生间男、女蹲位至少各2个。

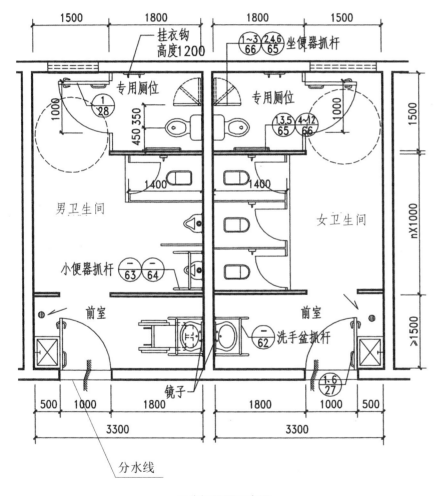

卫生间平面示意图

9. 防火分区和层数

表3-2 不同耐火等级建筑的允许建筑高度或层数、防火分区最大允许建筑面积

名称	耐火等级	允许建筑高度或层数	防火分区的最大允许建筑面积（m²）	备注
高层民用建筑	一、二级	按《建筑设计防火规范》第5.1.1条确定	1500	对于体育馆、剧场的观众厅，防火分区的最大允许建筑面积可适当增加
单、多层民用建筑	一、二级	按《建筑设计防火规范》第5.1.1条确定	2500	
	三级	5层	1200	—
	四级	2层	600	—
地下或半地下建筑（室）	一级	—	500	设备用房的防火分区最大允许建筑面积不应大于1000m²

10. 安全疏散

（1）建筑内的安全出口和疏散门应分散设置，建筑内每个防火分区或一个防火分区的每个楼层、每个住宅单元每层应相邻两个安全出口，并且每个房间相邻两个疏散门最近边缘之间的水平距离不应小于5m。

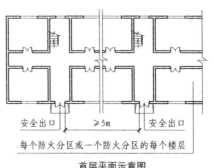

首层平面示意图

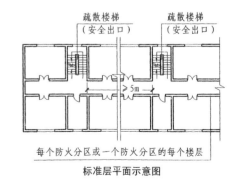

标准层平面示意图

19

（2）自动扶梯和电梯不应计作安全疏散设施。公共建筑内每个防火分区或一个防火分区的每个楼层，其安全出口的数量应经计算确定，且不应少于 2 个。符合下列条件之一的公共建筑，可设置 1 个安全出口或 1 部疏散楼梯：除托儿所、幼儿园外，建筑面积不大于 200 m^2 且人数不超过 50 人的单层公共建筑或多层公共建筑的首层；除医疗建筑，老年人建筑，托儿所，幼儿园的儿童用房，儿童游乐厅等儿童活动场所和歌舞娱乐放映游艺场所等外，应符合表 3-3 规定的公共建筑。

表 3-3 公共建筑防水规定

耐火等级	最多层数	每层最大建筑面积（m^2）	人数
一、二级	3 层	200	第二、三层的人数之和不超过 50 人
三级	3 层	200	第二、三层的人数之和不超过 25 人
四级	2 层	200	第二层人数不超过 15 人

（3）下列多层公共建筑的疏散楼梯，除与敞开式外廊直接相连的楼梯间外，均应采用封闭楼梯间。

①医疗建筑、旅馆、公寓、老年人建筑及类似使用功能的建筑。

②设置歌舞娱乐放映游艺场所的建筑。

③商店、图书馆、展览建筑、会议中心及类似使用功能的建筑。

④6 层及以上的其他建筑。

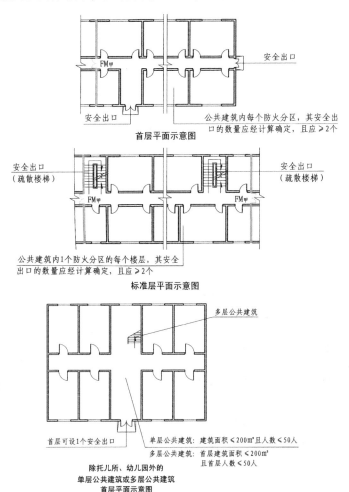

首层平面示意图

标准层平面示意图

除托儿所、幼儿园外的
单层公共建筑或多层公共建筑
首层平面示意图

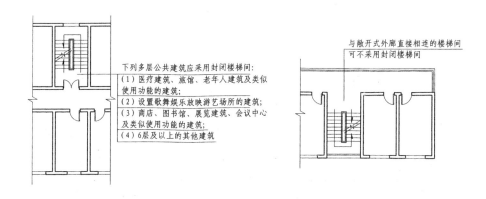

（4）公共建筑安全疏散距离的规定：直通疏散走道的房间疏散门至最近安全出口的直线距离不应大于表 3-4 的规定。

表 3-4　直通疏散走道的房间疏散门至最近安全出口的直线距离（m）

名称		位于两个安全出口之间的疏散门			位于袋形走道两侧或尽端的疏散门		
		一、二级	三级	四级	一、二级	三级	四级
托儿所、幼儿园、老年人建筑		25	20	15	20	15	10
歌舞娱乐放映游艺场所		25	20	15	9	—	—
医疗建筑	单、多层	35	30	25	20	15	10
	高层 病房部分	24	—	—	12	—	—
	高层 其他部分	30	—	—	15	—	—
教学建筑	单、多层	35	30	25	22	20	10
	高层	30	—	—	15	—	—
高层旅馆、公寓、展览建筑		30	—	—	15	—	—
其他建筑	单、多层	40	35	25	22	20	15
	高层	40	—	—	20	—	—

3.3 竖向设计常用规范

1. 层高

住宅层高：2.8~3.3m。

地下车库净高：≥2.5m。

公共建筑层高：≥4.5m。

餐饮建筑净高：≥3m。

旅馆客房净高：≥2.6m。

办公楼办公室净高：≥2.6m。

办公楼走道净高：≥2.1m。

底层商铺层高：5.4~6m。

非底层商铺层高：4.5~5.4m。

图书馆建筑：书库、阅览室藏书区净高不得低于2.4m，当有梁或管线时，梁或管线的底面净高不得低于2.2m。采用积层书架的藏书空间净高不得低于4.6m；采用多层书架的藏书空间净高不得超过6.9m。

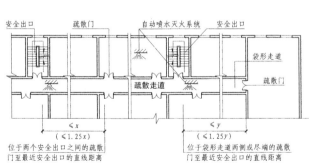

位于两个安全出口之间的疏散门至最近安全出口的直线距离

位于袋形走道两侧或尽端的疏散门至最近安全出口的直线距离

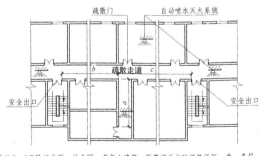

[注] 对于除托儿所、幼儿园、老年人建筑，歌舞娱乐放映游艺场所，单、多层医疗建筑，单、多层教学建筑以外的下列建筑应同时满足以下两点要求：
（1）a<b 或 a<c
（2）对于一、二级单、多层其他建筑：2a+b≤44m且b应≤40m，或 2a+c≤44m且c应≤40m
（2a+b≤55m且b应≤50m，或 2a+c≤55m且c应≤50m）
对于高层建筑、展览建筑：2a+b≤x，或2a+c≤x（2a+b≤1.25x，或2a+c≤1.25x）

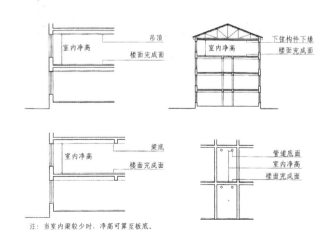

注：当室内梁较少时，净高可算至板底。

2. 地面的升高与降低

　　卫生间需要降低 20 mm，这就是俗称的分水线。室内、外地面一般有一定的高差，高差由室内、外的台阶数量决定，即台阶数 × 每阶台阶的高度。注意门口的缓冲平台与首层地面之间一般也会有 20 mm 高的分水线，中庭、阳台等直接与室外联通的、有汇水可能的区域，也要局部降低地面，降低高度不少于 20 mm。

3. 立面图、剖面图标高

　　相邻的立面图或剖面图，宜绘制在同一水平线上，图内相互关联的尺寸及标高，宜标注在同一竖线上。

4. 常见高度数据

　　楼板厚度：现浇混凝土楼板为 100 mm 左右。

　　台阶高度：室内为 150~175 mm；室外为 100~120 mm。

　　门高：2000~2400 mm。

　　梁高：1/10 柱跨。

　　栏杆扶手：900~1200 mm。

　　女儿墙高度：多层一般为 1050~1200 mm。

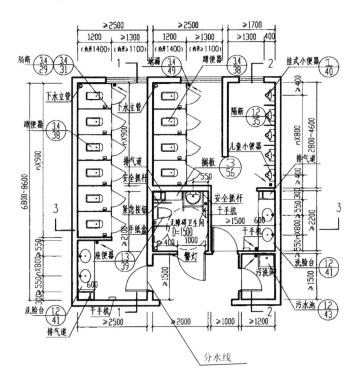

分水线

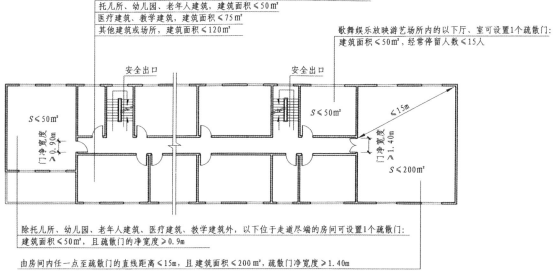

公共建筑平面示意图

3.4 其他节点做法

1. 天窗

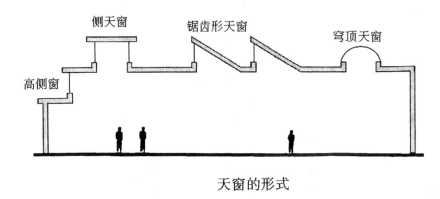

天窗的形式

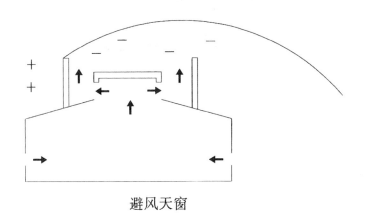

避风天窗

2. 墙体

墙体外保温做法和墙体内保温做法。

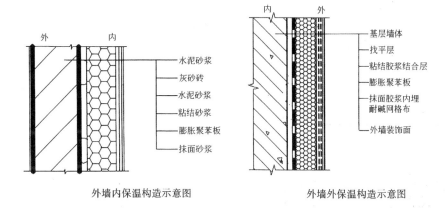

外墙内保温构造示意图　　　　外墙外保温构造示意图

外墙内保温标注（从外到内）：水泥砂浆、灰砂砖、水泥砂浆、粘结砂浆、膨胀聚苯板、抹面砂浆

外墙外保温标注：基层墙体、找平层、粘结胶浆结合层、膨胀聚苯板、抹面胶浆内埋耐碱网格布、外墙装饰面

3. 屋面

（1）实体材料隔热屋面构造做法。

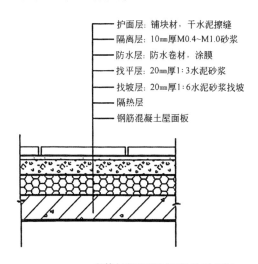

实体材料隔热屋面构造示意图

护面层：铺块材，干水泥擦缝
隔离层：10㎜厚M0.4~M1.0砂浆
防水层：防水卷材，涂膜
找平层：20㎜厚1:3水泥砂浆
找坡层：20㎜厚1:6水泥砂浆找坡
隔热层
钢筋混凝土屋面板

（2）种植屋面、通风屋面、蓄水屋面构造做法。

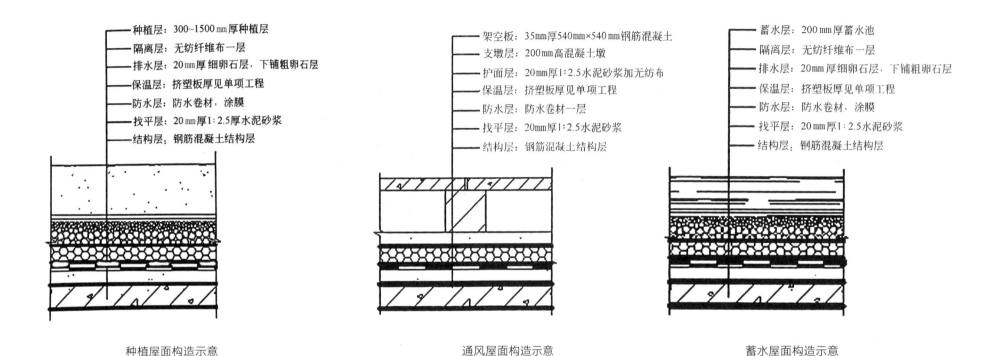

种植层：300~1500mm厚种植层
隔离层：无纺纤维布一层
排水层：20mm厚细卵石层，下铺粗卵石层
保温层：挤塑板厚见单项工程
防水层：防水卷材，涂膜
找平层：20mm厚1:2.5厚水泥砂浆
结构层：钢筋混凝土结构层

架空板：35mm厚540mm×540mm钢筋混凝土
支墩层：200mm高混凝土墩
护面层：20mm厚1:2.5水泥砂浆加无纺布
保温层：挤塑板厚见单项工程
防水层：防水卷材一层
找平层：20mm厚1:2.5水泥砂浆
结构层：钢筋混凝土结构层

蓄水层：200mm厚蓄水池
隔离层：无纺纤维布一层
排水层：20mm厚细卵石层，下铺粗卵石层
保温层：挤塑板厚见单项工程
防水层：防水卷材，涂膜
找平层：20mm厚1:2.5水泥砂浆
结构层：钢筋混凝土结构层

种植屋面构造示意　　　　　通风屋面构造示意　　　　　蓄水屋面构造示意

第 4 章

应试常见问题及解决方法

4.1 制图工具

工欲善其事，必先利其器。绘图工具直接决定了绘图的效率。快题考试的常用工具有铅笔、橡皮、彩铅、马克笔、绘图笔、点柱笔、墙线笔、双头笔等（见下图及表 4-1）。

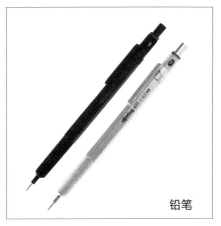

铅笔

推荐红环、百乐等牌子的自动铅笔。

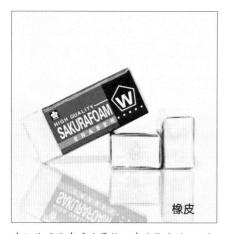

橡皮

建议使用具有质地柔软、清洁能力强、不松散的橡皮。推荐樱花、晨光等品牌的橡皮。

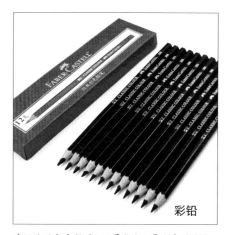

彩铅

建议使用颜色较重、不易折断、易上色的彩铅。推荐马可油性彩铅和辉柏嘉油性彩铅。

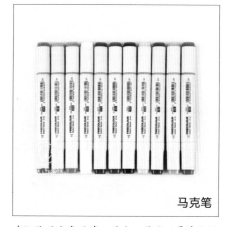

马克笔

建议使用上色干净、均匀，笔迹不易渗化的马克笔。推荐法卡勒马克笔、Touch 马克笔等。

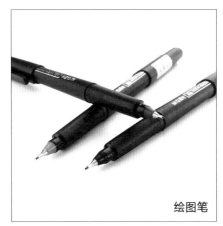

绘图笔

建议使用下水流畅、上色不晕染，不刮纸的绘图笔。推荐晨光签字笔 Si-pen ARP41801、晨光会议笔、百乐签字笔等。

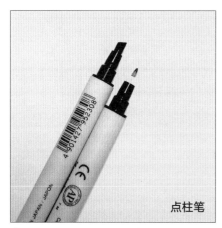

点柱笔

建议使用笔头较为方正、墨色较重的马克笔，画平面的柱子一笔搞定，省去了涂黑的时间。推荐吴竹 6900 水性马克笔。

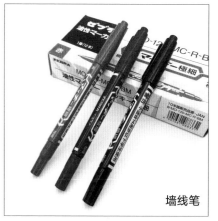

墙线笔

建议使用粗细正好、易干、方便快捷的墨线笔。推荐斑马 MO-120 油性速干笔，笔有两个头，一般只使用粗头。

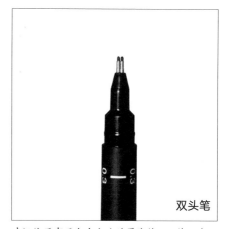

双头笔

建议使用有两个出水头的墨线笔，一笔双线，节约制图时间。

表 4-1 快速设计用品整理表

序号	内容	数量	详细
01	证件	/	准考证、身份证
笔类			
01	铅笔	2	2H、4H
02	自动铅笔	1	铅芯
03	橡皮	1	/
04	彩铅	任意	型号、颜色
05	马克笔	任意	型号、颜色
06	绘图笔	3	型号
07	点柱笔	1	型号
尺类			
01	丁字尺	1	80 cm（A1 图幅）/60 cm(A2 图幅)
02	图板	1	/
03	比例尺	1	/
04	三角板	1	/
05	平行尺	1	/
06	圆规	1	/
07	圆模板	1	/
纸类			
01	硫酸纸	任意	/
02	绘图纸	2 张以上	/
03	草图纸	任意	/
其他			
01	小刀	1	/
02	纸胶带	1	/
03	刷子	1	扫铅笔屑

4.2 时间控制

常用的快题时间安排分配如表 4-2 和表 4-3 所示。

表 4-2 6 小时快题设计时间安排表

程序	时间	要点及备注
审题与构思	40~60 min	读任务书，审视地形图，勾画重点，画结构分析图。理解设计性质、功能、环境、潜在条件和暗示（备注：绝对不能超过 40 min）
首层平面图	55 min	在一层平面铅笔稿绘制阶段可以继续深入和完善设计方案
二、三层平面图	30~40 min/ 个	每张图可有基本内容，别空着，文字标注尽量标全，以防不测，随时可以交图
立面图、剖面图	10~15 min/ 个	草稿可以简单一点，在正式图上直接画
总平面图	40~60 min	重点强调道路与建筑、建筑与场地之间的相互关系
透视图	40~60 min	一切按照既定方案来，不要尝试奇怪的念头
分析图	3 min/ 个	有要求必须画，没要求根据时间来衡量
设计说明	3 min	平时可以准备一个模板，实在没话写可以摘抄任务书
检查	10~15 min	查漏补缺，核对任务书和检查单，按要求写名字和学号，下板交图

表 4-3 3 小时快题设计时间安排表

程序	时间	要点及备注
审题与构思	30~40 min	读任务书，审视地形图，勾画重点，画结构分析图。理解设计性质、功能、环境、潜在条件和暗示（备注：绝对不能超过 40 min）
各层平面图	30~40 min/ 个	绘图顺序从首层平面图到各层平面图，线条和色彩要简洁有效，图面清晰有力度，统一是关键（备注：每张图现有基本内容，文字内容尽量标全，以备不测，随时可以交图）
立面图、剖面图	10 min/ 个	草稿可以简单一点，在正式图上直接画
总平面图	30~40 min	重点强调道路与建筑、建筑与场地之间的相互关系
透视图	40~50 min	一切按照既定方案来，不要尝试奇怪的念头
分析图	3 min/ 个	有要求必须画，没要求根据时间来衡量
设计说明	3 min	平时可以准备一个模板，实在没话写可以摘抄任务书
检查	10 min	查漏补缺，核对任务书和检查单，按要求写名字和学号，下板交图

4.3 上板流程

1. 排版

在上板之前，应对快题有一个整体的把握，首先估算每个图大概要占多少空间，效果图建议至少 A3 大小，不宜过小；然后根据各图大小综合确定各图位置，最佳排版是将效果图、总平面图和首层平面图放置成一个三角形构图的形式，此种排版方式最利于充实版面。常用排版如下。

横向 A1：

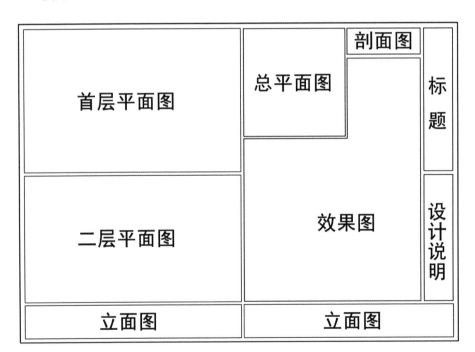

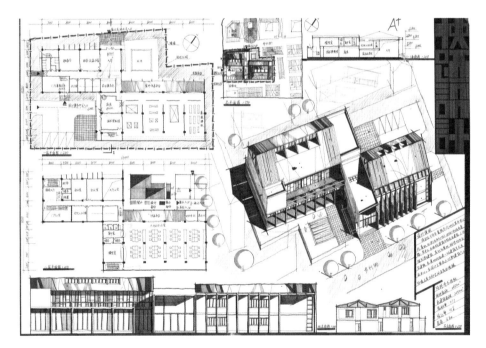

横向 A1：

首层平面图	二层平面图	技术指标	总平面图
	三层平面图	设计说明	标题
剖面图	分析图	效果图	
立面图			
立面图			

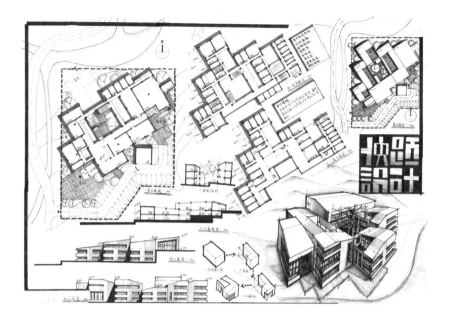

竖向 A1：

总平面图	技术指标
标题 效果图	
首层平面图	分析图
二层平面图	设计说明
立面图	立面图
剖面图	

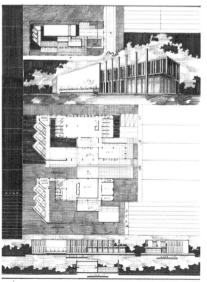

标题	分析图	效果图
设计说明	技术指标	总平面图
首层平面图	二层平面图	
分析图	剖面图	
立面图	立面图	

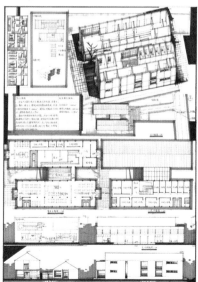

横向 A2:

标题	效果图
总平面图	分析图 / 设计说明 / 三层平面图
技术指标	剖面图

标题	立面图
首层平面图	二层平面图
	分析图
剖面图	立面图

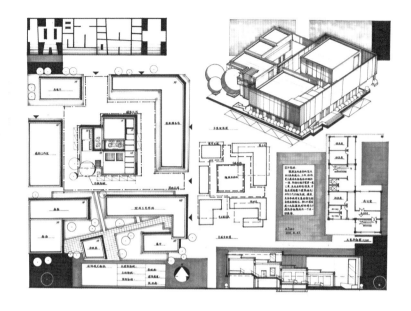

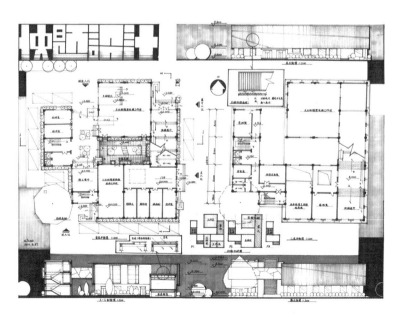

2. 绘图

绘图步骤详见第 2 章。

3. 检查

完成制图后，建议留 10 min 左右的时间进行检查。检查整张卷子的文字标注，查漏补缺。检查内容如表 4-4 所示。

表 4-4　制图易漏项速查表

图名	易遗漏项				
总平面图	图名		比例	
	层数		指北针	
	入口		红线	
	停车场		道路	
	阴影		绿化	
平面图	图名		比例	
	标高		指北针（首层）	
	入口		尺寸（可不标）	
	楼梯方向		房间名称	
	剖切符号		无障碍	
立面图	图名		比例	
	阴影		外轮廓线	
	投影线			
剖面图	图名		比例	
	阴影		标高	
	投影线		剖切线	
其他文字标注	技术经济指标		设计说明	

第 5 章

真题解析与快题实例

5.1 SOHO 艺术家工作室设计

5.1.1 项目概况

南方某创意产业园区的中央景观带有一片荷塘，荷塘西侧已建有3层办公建筑，北侧为2层展览建筑，今拟在荷塘北侧空地上建一座SOHO艺术家工作室（办公、居住一体化建筑）。

5.1.2 设计要求

1. 项目要求

地上建筑面积550 m²，女儿墙顶限高12 m（若选择坡屋顶，檐口限高11.4 m, 坡度不限），可考虑整体或局部地下一层及空间的整体利用（地下部分不计地上总建筑面积）。建筑中要求设一部电梯和一个室外游泳池（要求设于基地建筑控制线以内，标高不限）。泳池净尺寸长10 m、宽4 m、深1.2 m。

（1）从环境到建筑。

该建筑面临大片荷塘，请充分考虑让建筑与景观建立紧密联系的方式。

建筑出挑于荷塘的长度应小于2.1 m，出挑部分以下不计建筑面积，但其建筑面积需按实际面积计算，有顶不封闭阳台面积按一半计算，封闭阳台面积全算。

场地主出入口宜设于东北侧道路或西北侧道路，建筑各边应严格满足退界要求，用地范围及地上建筑控制线见下页平面图，建筑距变电站的距离不得小于12 m。

（2）从构造到建筑。

材料：基地区域附近有大量颗粒直径为150~300 mm的大鹅卵石。

构造设计要求：该建筑承重结构可自行确定（混凝土、钢结构等），但外围护结构中必须利用鹅卵石材料，利用方式不限。

2. 功能要求

（1）办公：可考虑利用地下空间，地下部分不计入地上总建筑面积。

（2）画室：面积不小于120 m²（要求在作画空间放置净高7 m、长边10 m的画框）。

（3）会议：面积不小于30 m²。

（4）展示：面积不小于100 m²（要求层高不小于3.6 m，考虑设置两面长9 m的连续展墙）。

（5）单间办公室：面积不小于15 m² / 间。

（6）卫生间及其他房间面积自定。

（7）居住部分：主要居住空间的层高不小于3 m（居住人员结构：40岁左右画家夫妇两人，12岁儿子一人，65岁左右祖父母两人，25岁艺术助理一人，38岁保姆一人）。

（8）除上述5类居室空间外，还需考虑设置客房一套，其他公共居住空间及厨房、卫浴等按需自定。

（9）室外或屋顶露台：面积总计不小于100 m²。

3. 图纸要求（表现方式不限）

（1）总平面图：比例为1：300（要求进行场地设计，场地范围包含部分水面）。

（2）各层平面图：比例为1：100（要求标注两道尺寸，并注明各房间名称）。

（3）各立面图：比例为1：100。

（4）剖面图：比例为1：100，数量不少于2个。

（5）外围护墙身剖面图：比例为 1 ∶ 50，数量不少于 1 个。从基础墙至女儿墙，需使用鹅卵石材料。

（6）轴测图：1 张。

5.1.3 注意事项

1. 评分标准

（1）总图及场地设计占 20%。

（2）方案构思及主体空间设计占 40%。

（3）墙身构造设计占 30%。

（4）图纸表达占 10%。

2. 核心考点

（1）考查考生从剖面体积法出发，解决大空间与小空间的体积协调问题的能力。

（2）考查考生协调公共区域与私人空间，完成私密性层次过渡的能力。

（3）考查考生对画室、居住这两类功能的特定空间范式的了解，如功能分区、流线、采光等的范式。

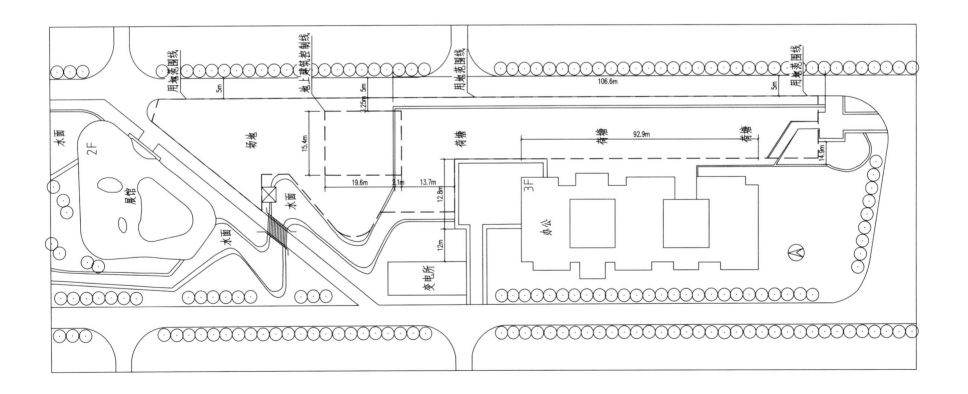

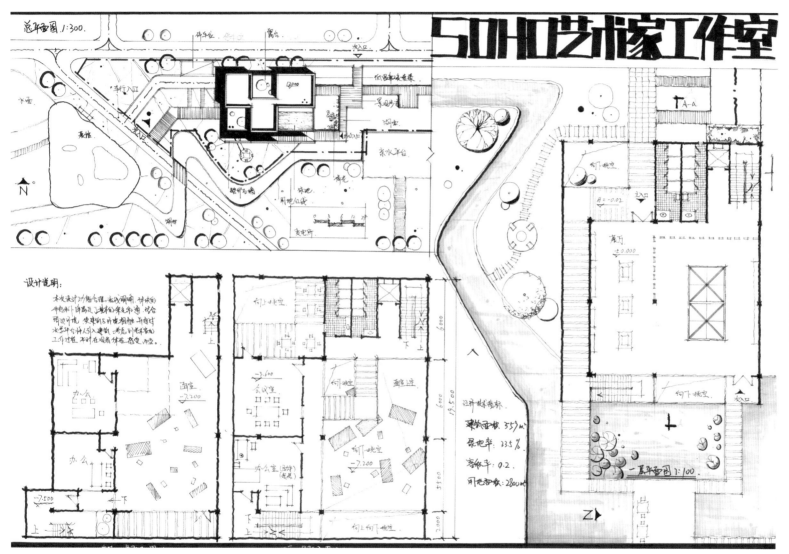

SOHO艺术家工作室

名称：001-170206-0023

优点：
（1）创作区的设计让人印象深刻，着墨很多。
（2）表达采用剖轴测的方式，很好地展现了考生的空间设计意图。

缺点：
（1）一层展厅的考虑不太符合小型展厅的情况，卫生间过多，空间语言直白。
（2）二、三层的居住公共区域欠考虑，空间比较松散，不利于使用。

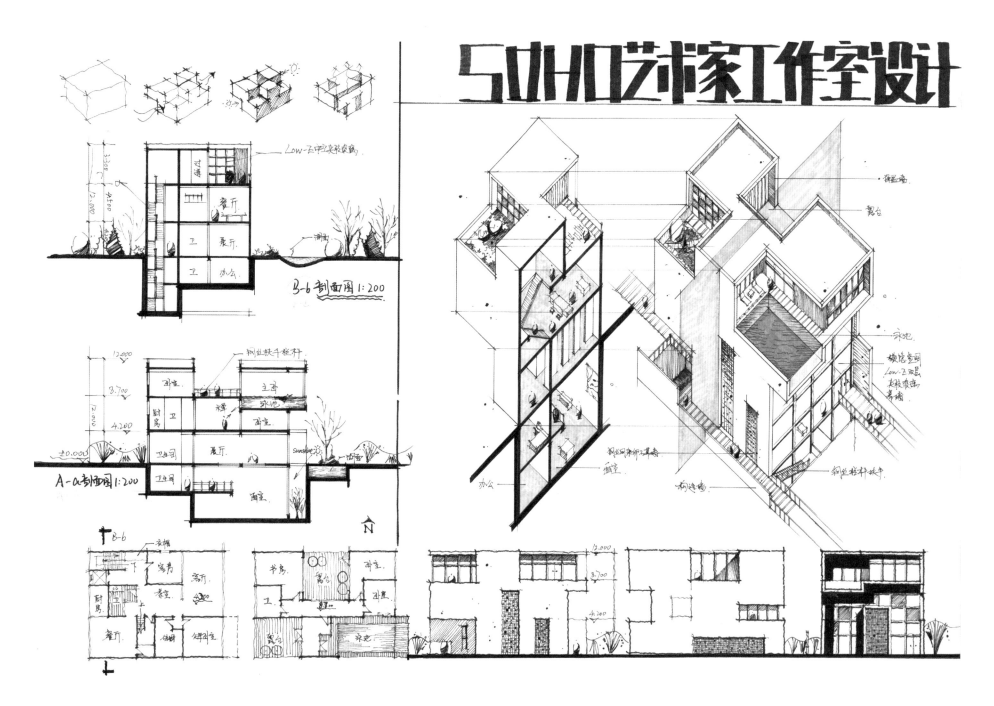

SOHO艺术家工作室设计

B-b 剖面图 1:200

A-a 剖面图 1:200

5.2 湖景餐厅

5.2.1 项目概况

某湖泊风景区拟在风景如画的湖岸边修建一座高档的"生态鱼宴餐厅",用地为湖西岸向水中伸出的半岛,该半岛西靠山体,在西侧山脚下有环湖路和停车场,北、东、西三面临水。用地边界:西为道路和停车场的东侧道牙,用地面积约 5000 ㎡,环湖路东侧有高差 5 m 的陡坡,其余为高差 2~3 m 的缓坡,坡向湖面,南侧临湖有 2 棵大树。

5.2.2 设计要求

1. 项目要求

(1)总建筑面积 1200 ㎡(上下 5%),餐厅规模 200 座,餐厨面积比例为 1∶1。

(2)就餐面向湖景,需单独设立一个 15 座的湖景包房。

(3)充分考虑和地形环境结合,考虑户外临时就餐的情况。

(4)其他相关功能请自行设置。

2. 设计时间

设计时间为 6h。

3. 图纸要求

(1)总平面图 1∶1000~1∶500。

(2)各层平面图、立面图、剖面图比例为 1∶200~1∶100。

(3)空间形态表达(透视图、鸟瞰图、轴侧图均可)。

(4)反映构思的图示和说明。

(5)表达方式不限,图幅为 594 mm×420 mm,图纸张数不限。

5.2.3 注意事项

(1)考查考生对坡地类型建筑的竖向高差与平面等高线的地形关系的处理能力。

(2)考查考生对餐厅的空间与功能范式的了解情况。

(3)考查考生对建筑与场地、道路、水体之间的设计协调能力。

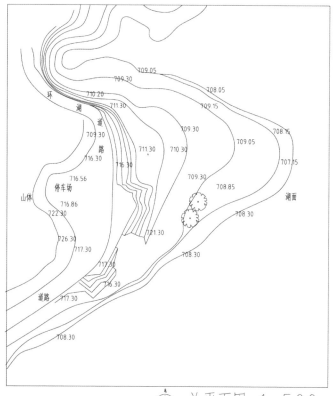

总平面图 1∶500

名称：001-150202-0008

优点：
（1）排版层次丰富且主次分明，色彩搭配很和谐。
（2）功能布局思路清晰且合理，有较扎实的基本功。
（3）坡屋顶及桁架造型独特，立面图丰富。
（4）需保留的古树被很好地与餐厅结合在了一起。

缺点：
（1）分析图中没有有效内容，过于简单，第五立面图的开窗过于随意。
（2）停车场的转弯半径及回车半径不够。

建议：
虽然立面图造型效果不错，但是轴测图反映出来的整体造型欠缺美感，需加强造型能力，其他方面继续深化。

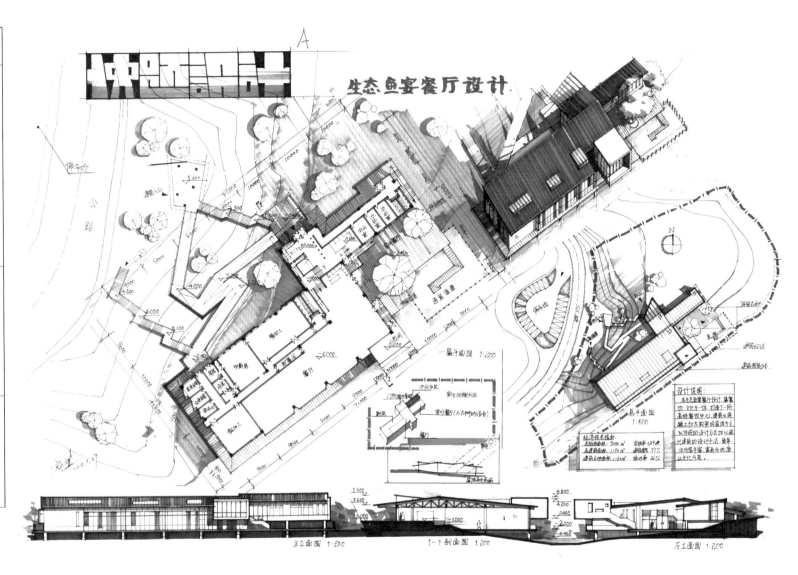

生态鱼宴餐厅设计

一层平面图 1:200

总平面图 1:500

主立面图 1:200   1—1剖面图 1:200   东立面图 1:200

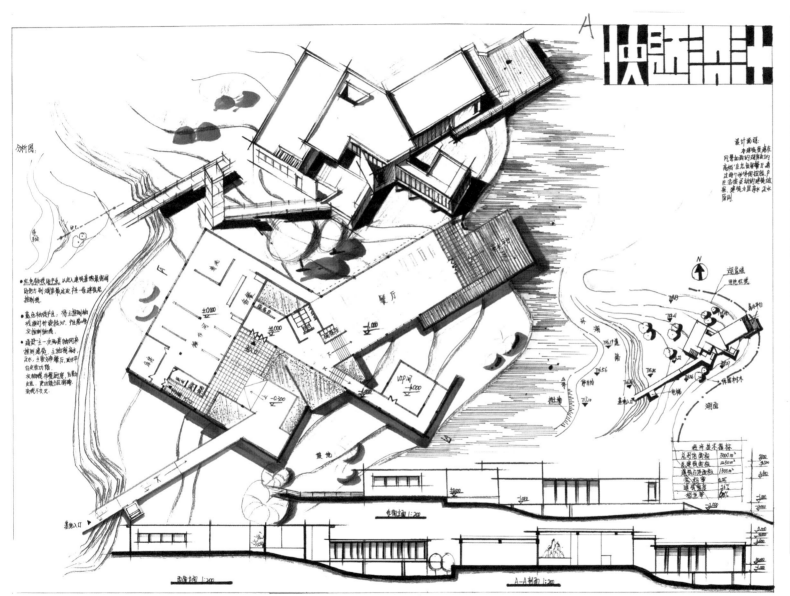

名称：001-150202-0004

优点：
（1）排版紧凑，色彩单一却并不单调。
（2）功能布局思路清晰，由西向东将功能区分为功能区1—核心交通区—功能区2的ABA构图方式，使平面逻辑和体块逻辑合二为一。
（3）体块造型变化丰富，通过廊道连接，获得了很好的造型效果。

缺点：
（1）入口门厅处理不够大气，卫生间影响了空间的流畅程度，VIP间平面图位置较偏，与餐厅的动线关系不够紧凑。
（2）立面图造型太过单一，不够丰富。

建议：
多增加一些分析图，用建筑语言表达想法；第五立面图的天窗开启方式可更加灵活一些，要有虚实对比的变化。

5.3 建筑学院学术展览附楼设计

5.3.1 项目概况

南方某高校建筑学院计划在现有办公楼及建筑设计院一侧建设一处附楼，以满足学术活动、图片展出及模型展览的需要，并为师生提供休息、交流的场所。场地情况见下页平面图。

场地北侧的学院办公楼建于 20 世纪 30 年代，属于传统民族风格。建筑为白色水刷石饰面基座，红色清水砖墙，绿色琉璃瓦坡屋顶，砖混结构。场地东侧原为学生宿舍，建于 20 世纪 30 年代，白色水磨石基座，红色清水砖墙，平屋顶，局部绿色琉璃瓦小檐口，砖混结构，现改建作为建筑设计院工作室。场地西侧建筑设计院主楼建于 20 世纪 80 年代，墙面贴红色条砖，绿色琉璃瓦小坡檐口，框架结构。

5.3.2 设计要求

1. 项目要求

（1）总建筑面积为 1200~1400 m²，以下各项为使用面积。

（2）多功能报告厅面积为 100 m²。

（3）休息活动厅面积为 100 m²。

（4）展览空间（展厅或展廊，可合设或分设）面积为 500 m²。

（5）咖啡吧（含制作间）面积为 100 m²。

（6）卫生间面积为 50 m²。

（7）建筑书店面积为 50 m²。

（8）管理室面积为 20 m²。

（9）储藏室面积为 50 m²。

（10）室外活动及展览空间规模自定。

2. 功能要求

（1）结合原有建筑和环境进行设计，能因地制宜、合理布局。

（2）场地内的登山台阶和小路可结合设计调整位置和走向，但不可取消。场地内现有大树应尽可能保留。

（3）学院办公楼南面次入口首层的过厅西侧为阶梯报告厅，附楼宜考虑与其在功能上的必要联系，宜结合附楼综合考虑建筑设计院主楼与东侧工作室之间的联系。

（4）建筑设计要求功能流线、空间关系合理，动静分区明确，并处理好新、旧建筑的关系。

（5）结构合理，柱网清晰。

（6）符合有关设计规范要求，尽可能地考虑无障碍设计。

（7）对建筑红线内室外场地进行简单的环境设计。

（8）设计表达清晰，表现技法不限。

3. 图纸要求

（1）总平面图比例为 1：500。

（2）各层平面图（报告厅、咖啡厅、卫生间须做简要室内布置）比例为 1：200。

（3）立面图 2 个，比例为 1：200。

（4）剖面图 1~2 个，比例为 1：200。

（5）透视图 1 个，图面不小于 30 cm×40 cm。

（6）设计分析图自定。

（7）主要经济技术指标及设计说明。

5.3.3 注意事项

（1）考查考生对新、旧建筑的功能与动线的协调能力。

（2）考查考生对新、旧建筑的立面与造型协调能力。

（3）考查考生对场地高差、建筑与道路的关系的协调能力；对建筑

场地动线的发掘和设计协调能力。

（4）考查考生对建筑系馆类型的空间与功能范式的理解程度。

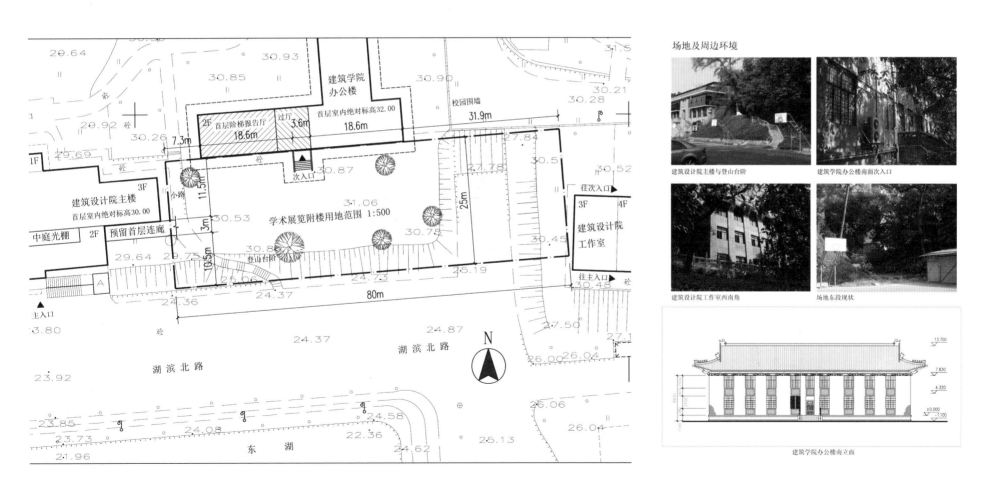

场地及周边环境

建筑设计院主楼与登山台阶

建筑学院办公楼南面次入口

建筑设计院工作室西南角

场地东段现状

建筑学院办公楼南立面

名称：001-150807-0018

优点：
（1）效果图非常抢眼，色彩也十分有设计感和画面感，且突出建筑主体。
（2）建筑体量简单有层次、主次分明，并利用场地高差形成两个不同入口，回应场地的变化。平面处理细节丰富，充分结合了景观，运用了框景、对景等手法。
（3）建筑主入口突出，引导性强，建筑造型舒展。

缺点：
（1）建筑立面设计过于简单，虚实对比不强。
（2）在处理这种有较大高差的方案时，总平面图没有标高，缺少一定的信息。

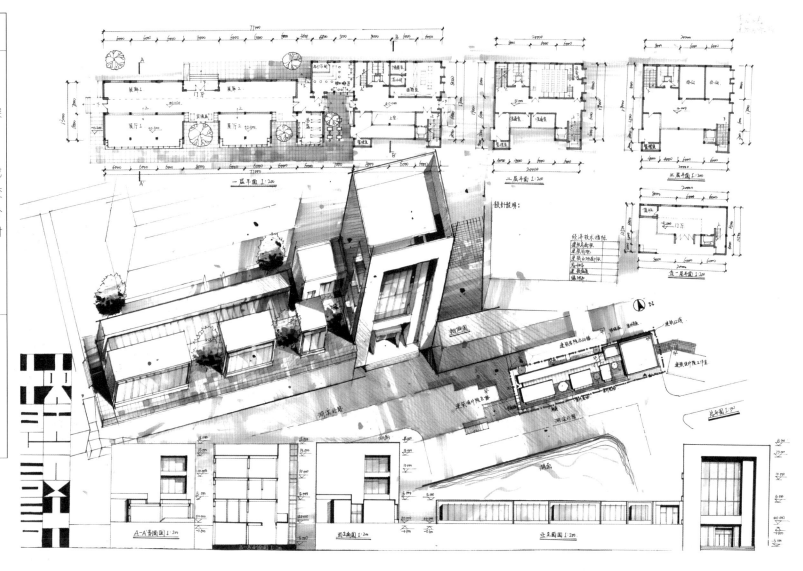

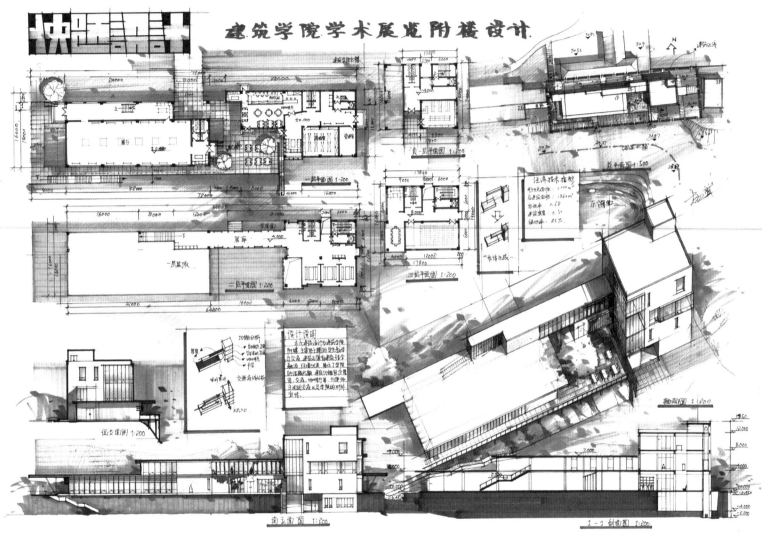

建筑学院学术展览附楼设计

名称: 001-150214-0007

优点:
（1）版面重点突出，制图规范细致，效果图视觉冲击感强烈，是一幅十分优秀的作品。
（2）平面灵活通透，与周边关系结合紧密，灵活地处理了场地的高差，功能空间根据浏览和休息的路线进行合理联系，满足了观展和休息的人的需求。
（3）造型干净、大方、富有层次，与景观结合紧密，有设计细节和深度。

缺点:
版面上色的笔触稍显凌乱，在读图时，容易干扰人对方案的注意力。

5.4 滨江厂房改造设计

5.4.1 项目概况

拟建场地位于南方某城市滨水区的厂区内，场地东侧为厂区内主要干道与主要景观面，场地内的 A、B 栋建筑均为工业库房，其中 A 栋建筑总高 3 层，每层层高均为 4.8 m，随着城市功能调整与产业转型，该厂区用地被转化为开发用地。设计要求将 A 栋改造为一个有 50 间（套）客房的度假休闲酒店，将 B 栋拆除作为绿化或室外配套公共服务设施用地。地形环境、用地红线等场地条件及 A 栋库房原有平面图见下页附图。

5.4.2 设计要求

1. 项目要求

A 栋库房改造应在不改变其原有柱网和层高的前提下进行，入口雨棚（不能改变外轮廓）、库房外墙及洞口布置可根据设计需要调整，库房内部可根据设计需要增加柱网，原库房每层面积约为 2300 ㎡，要求改造后的总建筑面积为 4800 ㎡。

B 栋库房拆除后所留出的场地应与整个用地统一考虑，要求设置酒店入口停车空间及一定的绿化休闲设施，并考虑不少于 15 个地面停车位，其中 2 个为旅游大巴临时停车位。

2. 功能要求

总用地面积：7985 ㎡，总建筑面积不超过 4800 ㎡（以轴线计，±5% 以内），主要功能设置如下（具体面积由设计者自定）。

（1）入口门厅。

（2）多功能厅（可容纳 100 人）。

（3）餐厅及厨房附属设施（可容纳 150 人同时进餐）。

（4）健身文体中心，包括台球、乒乓球、棋牌等活动室。

（5）客房 50 间（套），要求结合客房层设置 2 间 30 人的会议室。

（6）室内恒温游泳池，要求泳池尺寸不能小于 12 m×25 m，并配备更衣室。

（7）其他配套服务设施，包括休闲酒吧图书阅览、美容美发、商务服务等由设计者自定。

（8）内部办公管理用房、楼梯间、安保用房、卫生间等，由设计者按有关规范要求自定。

3. 图纸要求

（1）总平面图比例为 1：500（结合周边环境与交通条件进行场地环境布置和人车流线组织，标注及确定建筑层数、标高、建筑尺寸、用地红线等，列出主要经济技术指标）。

（2）各层平面图比例为 1：200。

（3）立面图 2 个，比例为 1：100~1：200。

（4）剖面图 1 个，比例为 1：100~1：200（标高关系，建筑与场地关系，视线组织等）。

（5）建筑透视图表现方法不限，但必须清楚地表达建筑主入口及主要立面，图幅不应小于 300 mm×200 mm（1 幅）。

（6）方案构思的简要说明要不少于 100 字，技术经济指标中应列出主要功能房间面积。

（7）图幅为 A1，各图按要求的比例绘制，标注必要尺寸和标高。

（8）特别说明：考生自带 A1 图纸，图纸张数及纸张种类不限；总平面图可直接画在地形图上。

5.4.3 注意事项

（1）考查考生协调建筑的新、旧关系，正确地处理原有建筑与结构的能力。

（2）考查考生对游泳池等特殊功能空间的综合考虑水平，以及不同特殊功能空间之间的正确动线与分区关系。

（3）考查考生对酒店住宿类的空间与功能范式的理解程度。

附：地形图比例为 1 ：500，原 A 栋库房平面图比例为 1 ：200。

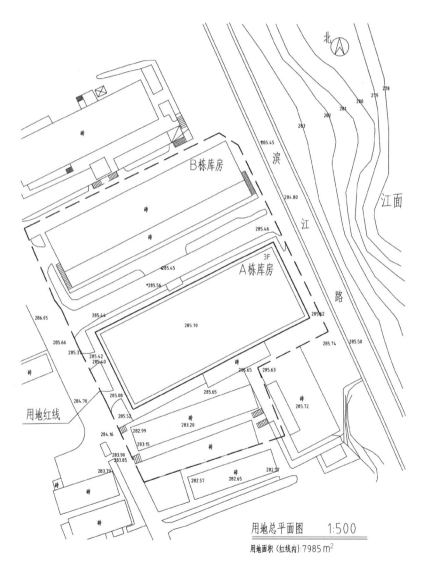

用地总平面图　1：500
用地面积（红线内）:7985 m²

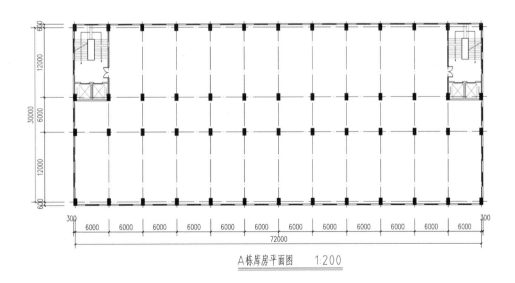

A栋库房平面图　1:200

名称：001-160807-0033

优点：
（1）排版上十分紧凑、合理，版面的比重权衡适宜，且内容丰富，完成度颇高。

（2）平面构图巧妙地运用三段式并置的手法，使得中部形成通高的空间变化。

（3）巧妙地结合立面图在平面布局时形成有节奏的退进，使平面图和立面图同时显出空间的韵律感。

（4）立面虚实对比强烈，同时也清楚体现了内部功能的特点。

建议：
卫生间可移到房间另一端做整体并排布置；室内走道不需要空间变化，而是将变化做在立面上，使整个方形体块出现各种穿插。

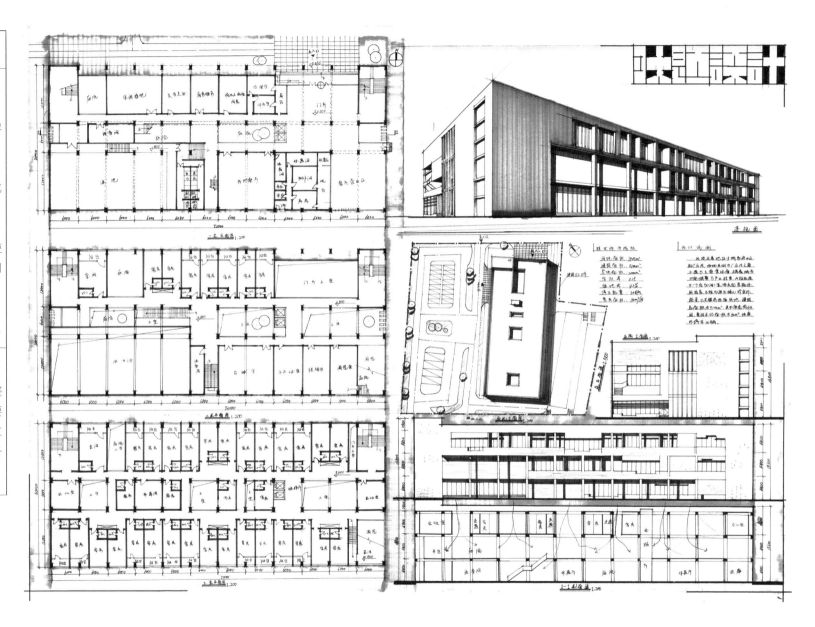

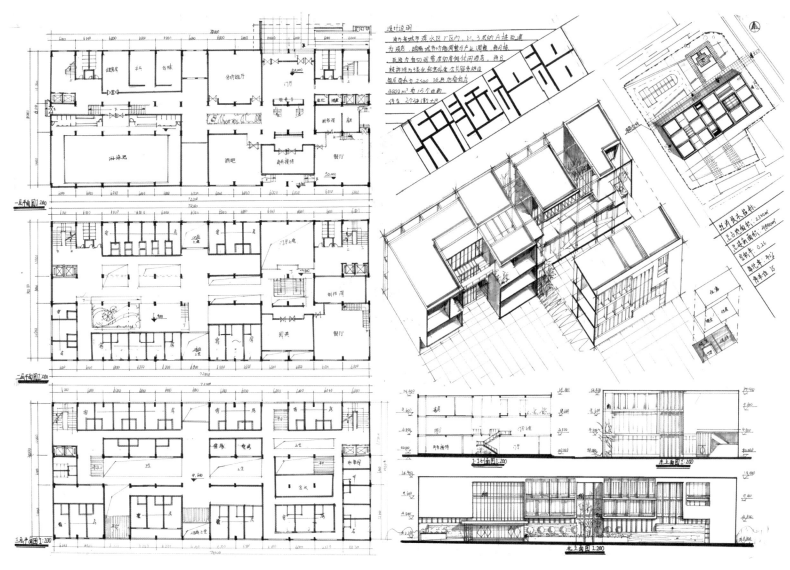

优点：

（1）排版紧凑，比例适中，效果图好，完成度非常高。

（2）平面布局疏密有致，人行动线多变但不复杂、弯折而不杂乱。

（3）巧妙运用中庭为内部走道提供采光，避免建筑跨度过大所引起的光照不足。

（4）立面的设计破开了建筑立面的沉重体量，既显得轻盈，又体现出细部。

缺点：

内部有三段甚至四段式的结构，导致平行道路较多，形成中庭也解决不了的采光困难的问题。

名称：20180208_0003

优点：
（1）采用了硫酸纸加马克笔的方式，色彩跳跃但不浮夸，笔触自由、灵活，具有很好的画面感。
（2）平面布局打破了传统的布局思路，公共空间的递进关系塑造着墨很多。
（3）通高关系有一定的考虑，很好地解决了中心的采光问题。

缺点：
（1）公共空间的整体构图逻辑比较混乱，因此在实际的空间体验中也有很多经不起推敲的细节。
（2）马克笔的笔触效果略微有些过火，稍显喧宾夺主。

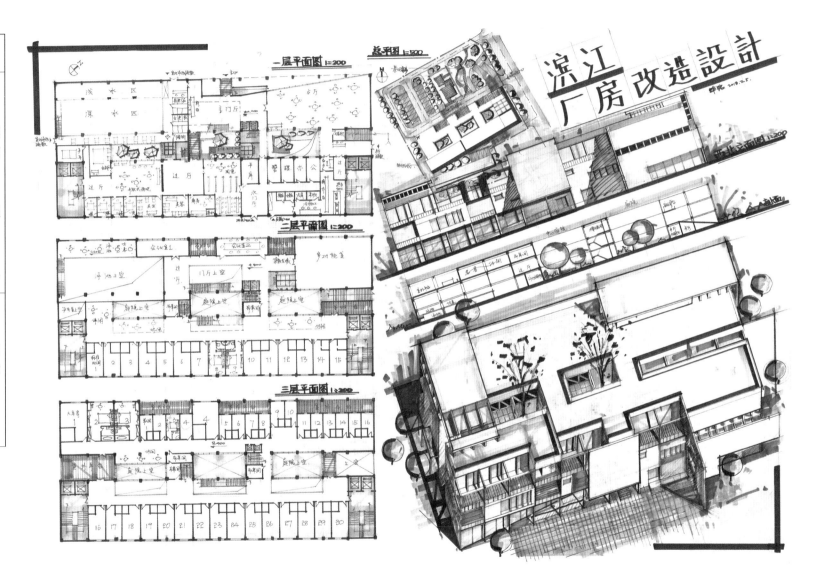

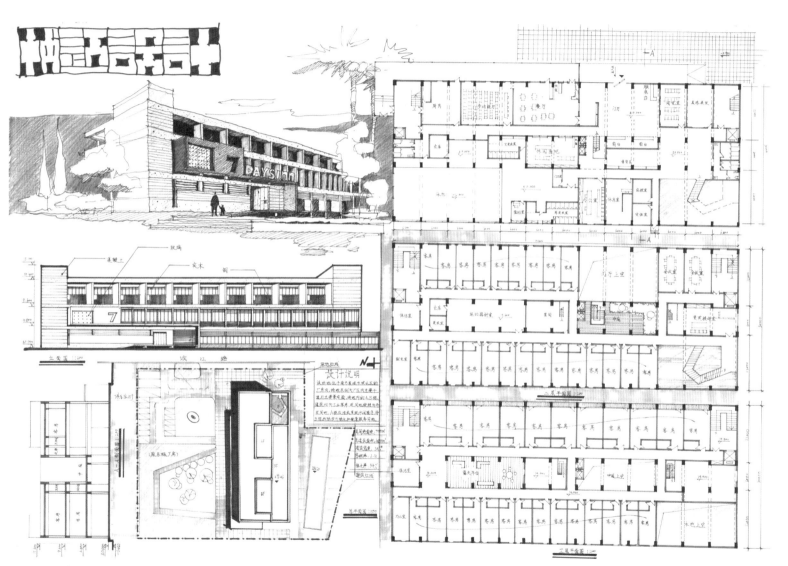

名称：001-170801-0052

优点：

（1）采用单色系的上色手法，在关键的部分以彩色进行表达，突出设计的加建部分，取得了很好的效果。

（2）采用了加法的方式强调门厅，效果较好，符合精品酒店的改造思路。

（3）考生没有采用传统打开中庭的方式，而是在中心置入了对阳光需求更低的服务空间，并利用服务空间来挤压周边，创造更丰富的空间感受，思路值得肯定。

缺点：

中心服务空间与周边功能之间会界定出公共空间的大小和空间关系，从这个角度来说，公共空间做得还是有点"堵"，在视线上没有很好地联系起各个空间的递进关系，这是比较可惜的。

名称：001-170729-0014

优点：

（1）排版非常充实，用黑色彩铅刷底，肌理感觉丰富。

（2）效果图展现了考生深厚的手绘功底，通过门厅局部改造做加法，以及客房部分适当做减法的方式来完成，在取得了很好效果的同时又不会过于夸张，属于非常合理的造型改造手法。

（3）公共空间通高关系丰富，采光可以从中庭更好地引入到一层。

缺点：

（1）通高部分虽然面积大，但是处理得比较直白，尺度感觉偏大。

（2）二层北侧的公共部分和南侧的客房部分会带来一定的流线交叠的可能，建议在进入南侧客房区域之前设一个电梯厅或者前室，由前室来提示客人接下来将进入私密区域，或者直接采用刷卡封闭的方式，可以解决客房区独立性的问题，这也是酒店设计很需要注意的关键点，即客房区的独立性和缓冲空间。

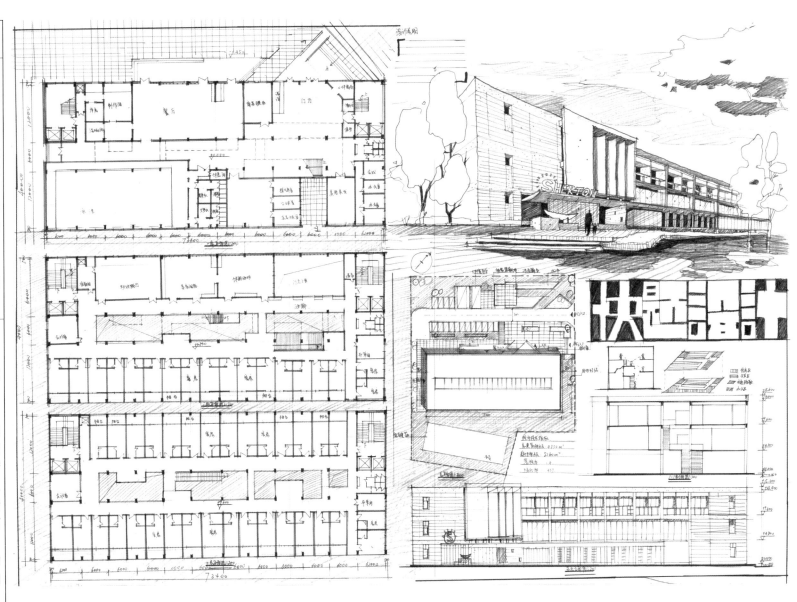

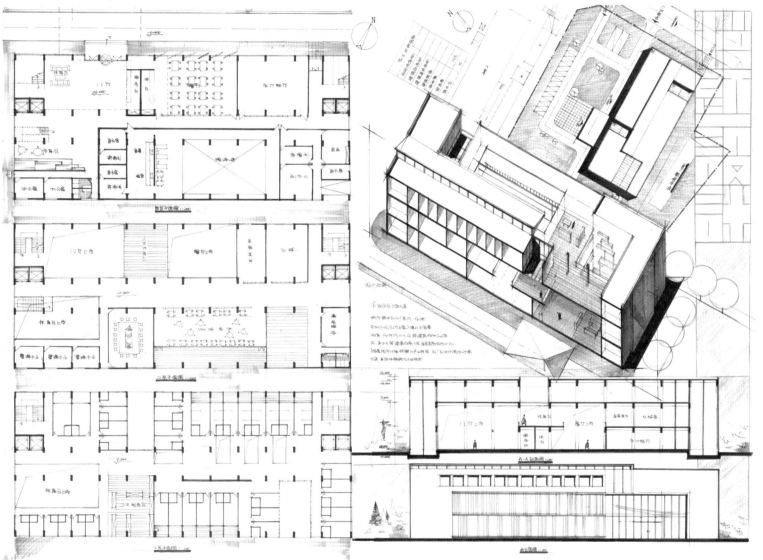

优点：
（1）方案功能布局较为合理，较好地解决了竖向分区的问题。
（2）公共区域尺度合适，从大厅到客房的线路及娱乐服务线路设置得较为合理。
（3）公共区域通高关系较为灵活，同时采用了剖轴测的方式进行表达，通过橘黄色加亮楼板的方式突出公共区域，概念直观、清晰。
（4）配色素雅，通过少量亮色点缀突出表达的重点，值得借鉴。

缺点：
（1）天窗在剖面上基本未表达，留下了遗憾。
（2）一、二层的中心走廊空间设计语言较为直白，一条贯通建筑的通道给人的实际感受可能会比较乏味，建议将功能块互相错开，使得动线蜿蜒曲折，缩短公共区域的视线长度。

名称：20180208_0005

优点：
（1）排版紧凑、比例适中、效果图好，完成度非常高。
（2）剖面关系很有突破性，表达非常到位，很好地展示了考生如何通过剖面形成一个斜向对角的公共空间，若能用一个箭头表示光是如何从右上角斜射到左下角的边厅，会更好地展示出这个设计意图。

缺点：
（1）排版配色采用了单色系，这种手法需要非常大的明暗对比才能在大量彩色图纸中脱颖而出，因此还需要加大效果图的对比度，暗部的处理要下手更重。
（2）一层平面的处理比较简单，空间效果没有达到理想的状态，同时打掉了过多的外墙，增加了无谓的造价，效果并没有太多保证。

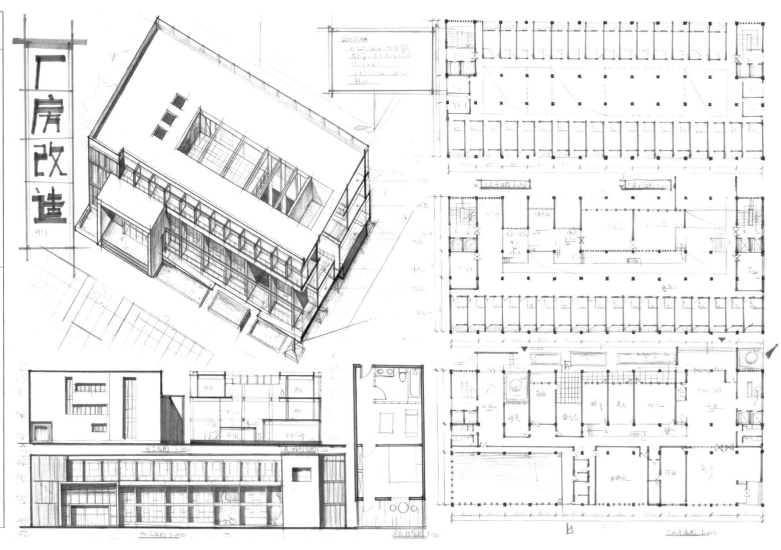

厂房改造

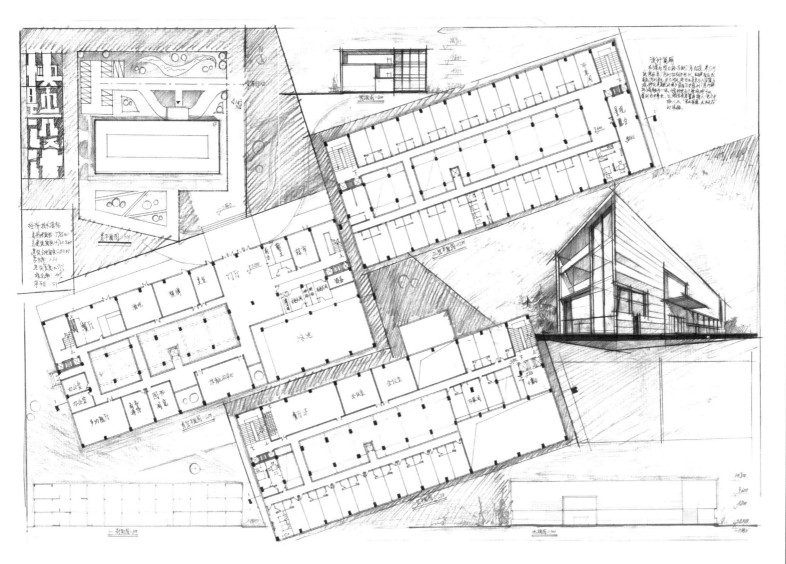

名称：001-160807-0036

优点：

（1）版面布局大胆、富有挑战性，冲击阅卷人眼球，不失为一个好的策略。

（2）排线背景采用的素描手法体现了建筑学专业人的素养，同时也展现了良好的图底关系。

（3）平面采用三段式布局，中部作为通告区域，使空间形成有节奏的变化。

（4）立面造型简洁、大气，富有现代感。

缺点：

（1）平面构图过于死板，没有大空间体量的穿插，只能说中规中矩。

（2）斜版布局在边角处最好补些分析图，而不至于显得太空。

建议：

在平面构图的体块变化上可多下些功夫，而不仅仅是室内三段式那么简单，该方案可以说没有很大的缺点，但也没有亮点，考生还是不太敢放手去做设计。

名称： 201802080006

优点：

（1）排版紧凑、内容充实、图底关系十分强烈。

（2）平面疏密有致，并较好地分隔了动静空间，形成三段式并置布局。

（3）标间的平面摆脱了传统的长方形格局，采用异形平面的形式，不失为一种创新手法。

（4）动静空间之间完全分隔，形成良好的空间私密性。

缺点：

（1）建筑立面设计过于简单，虚实对比不强。

（2）在处理这种有较大高差的方案时，总平面图没有标高，缺少一定的信息。

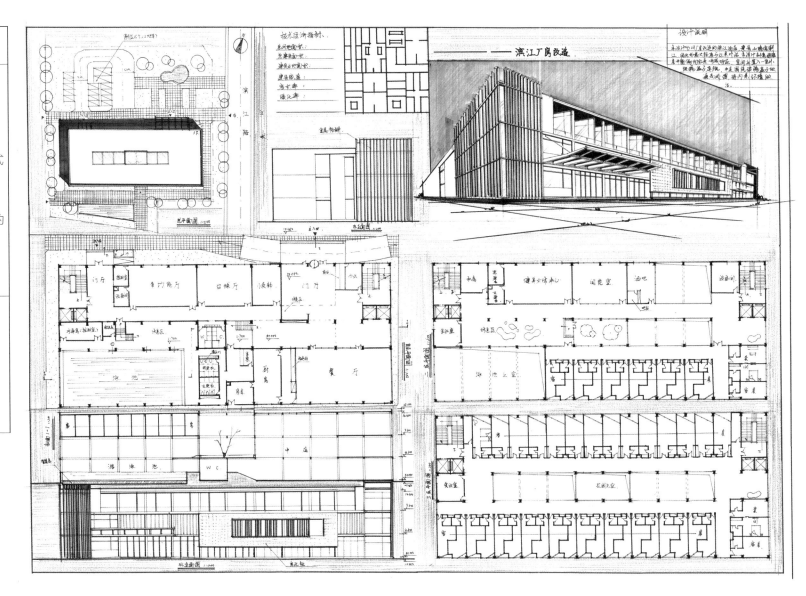

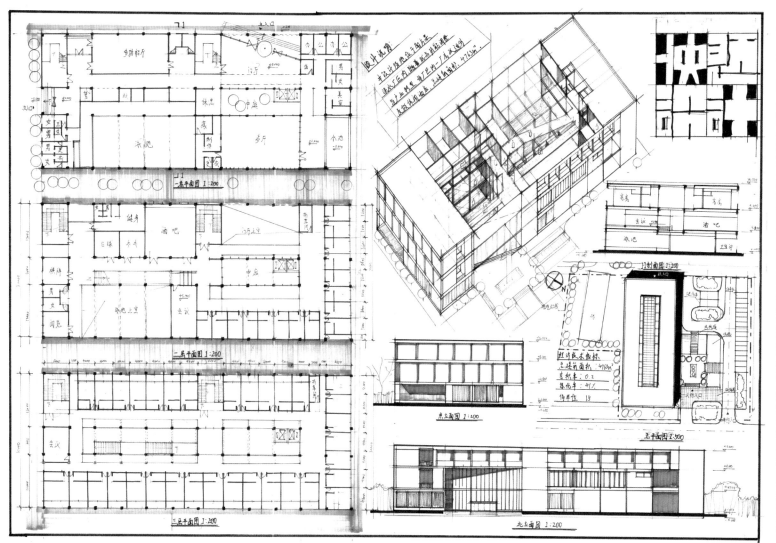

一层平面图 1:200

二层平面图 1:200

三层平面图 1:200

剖中视窗

本设计初步放在于平面方案，
进入门厅内继垂直的功能轴线，
生于地材料 地下室内一层被通行
是坚强使用面的, 总建筑面积 : 4763㎡

经济技术指标
总建筑面积: 4763㎡
总积率: 0.2
绿化率: 41%
停车位: 15

东立面图 1:400

北立面图 1:200

1-1剖面图 1:200

总平面图 1:500

名称: 001-160807-0034

优点:
(1) 大胆地选用剖轴测来展现建筑的室内效果，同时保留了铅笔稿体现设计感。
(2) 入口处的斜角式门厅引人注目，同时又起到标志的作用，引导人流。
(3) 功能的主副关系明确，由主要功能空间携配套附属用房，使室内流线简洁、合理。
(4) 设置中庭是一个很不错的采光方式，解决了大量室内光照不足的问题。

缺点:
(1) 立面设计受功能影响太大，以至于立面构图的层与层之间无甚关联。
(2) 剖面图过于简单的话就不要放置在比较显眼的位置。

建议:
立面的设计既要与功能对应，又要上下形成联系，这就好比是人的外衣，在展现体形的同时又有设计的美感。

名称：001-160807-0031
　　　001-160807-0030

优点：
（1）排版工整、简洁，图底关系清晰明了。
（2）功能分区简洁明了，交通流线并不复杂，对动静关系进行合理分区。
（3）空间布局紧凑而不显拥堵，重复而体现韵律感。
（4）立面图很清楚地展现了内部的功能关系。

缺点：
（1）上、下标间的卫生间并未对齐布置，可能出现水管在楼板处转折的现象。
（2）并排式公共活动空间缺少空间变化，显得比较呆板。

建议：
将上、下标间对应布置，并在垂直方向和水平方向的空间变化上多做些创新，以制造亮点。整体来说，本方案中规中矩。

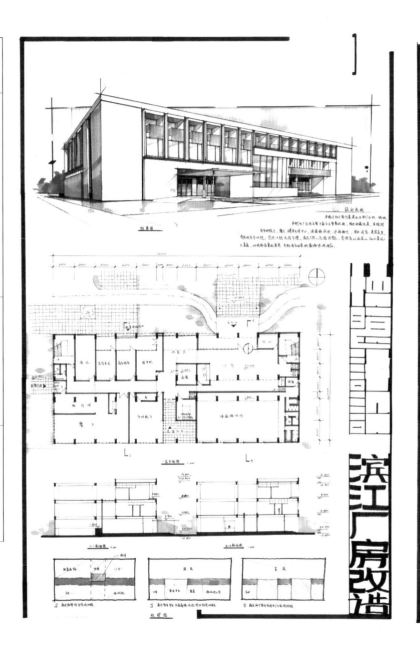

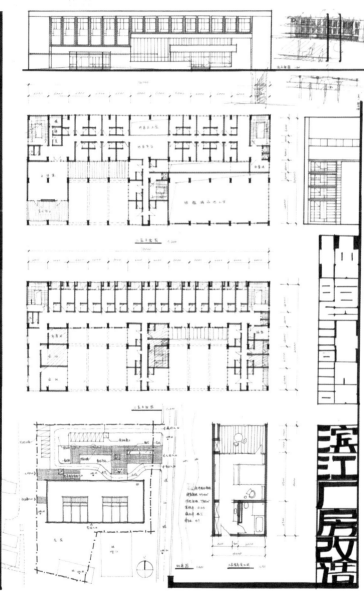

5.5 某会议中心规划与建筑设计

5.5.1 项目概况

某单位拟在该市郊区兴建一座会议中心，供本单位短期集中开会和度假使用，并可对外出租。该会议中心占地 1000 ㎡，总建筑面积为 6540 ㎡，其中只需设计公共活动部分的单体，共计 1400 ㎡。

基地地处郊区主干道的东侧，与湖面相隔 50 m。基地宽 60~70 m，长 150 m，内有若干名贵树木、树丛及顽石需保留。在用地东南向有一景观极佳的湖中岛。湖岸北段地势较缓，南段湖岸陡峭。

5.5.2 设计要求

1. 项目要求

（1）会议部分面积为 1500 ㎡。

（2）餐饮部分面积为 800 ㎡。

（3）公共活动面积为 1400 ㎡。其中：多功能厅面积为 200 ㎡；小活动室 4 间，面积为 40 ㎡；阅览室面积为 120 ㎡；健身房面积为 120 ㎡；桌球室面积为 120 ㎡；茶室面积为 60 ㎡；网吧面积为 60 ㎡；小卖部面积为 30 ㎡；管理房面积为 15 ㎡；储藏室面积为 15 ㎡；男、女卫生间各 1 间，面积共 15 ㎡。

（4）客房区域面积为 2600 ㎡。

（5）行政管理区域面积为 240 ㎡。

2. 图纸要求

（1）总平面图比例为 1：1000。

（2）公共活动部分，各层平面图比例为 1：200。

（3）公共活动部分，立面图 2 个，比例为 1：200。

（4）公共活动部分，剖面图 1 个，比例为 1：200。

（5）透视图表现方法不限。

（6）考试时间为 6 h。

5.5.3 注意事项

（1）考查考生对建筑与地形的协调能力。

（2）考查考生对建筑选址、体形布局的场地设计能力。

（3）考查考生对会议中心与度假村类型的空间与功能范式的理解程度。

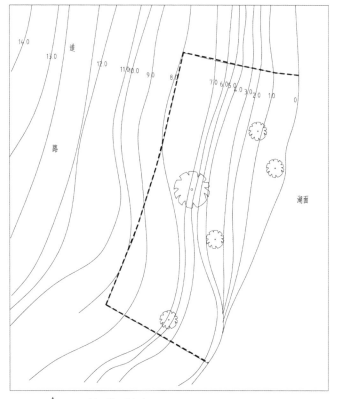

总平面图 1：500

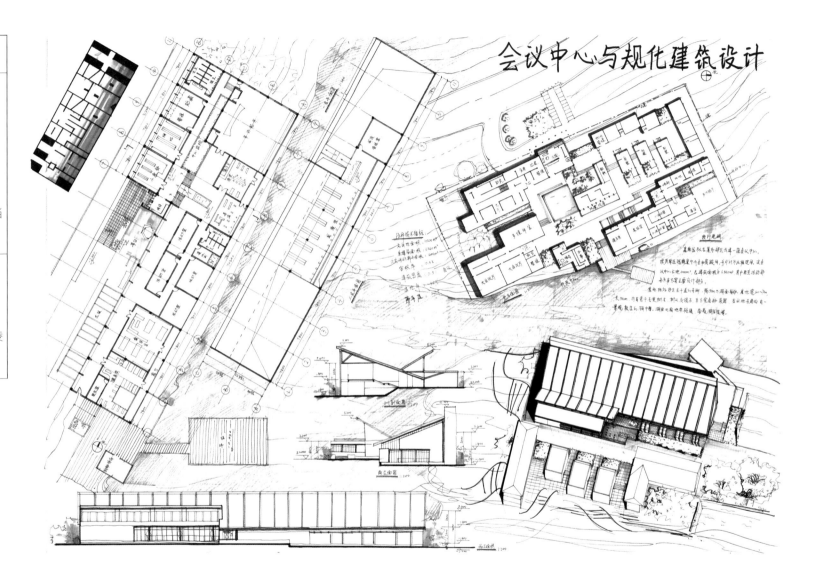

会议中心与规化建筑设计

名称：003-160204-0010

优点：

（1）整体造型趣味性强，效果图表达直观，虚实对比强烈。

（2）立面屋顶符合度假中心的建筑特点。

（3）平面制图标出尺寸线和轴号，以及室内家具布局都相当规范。

缺点：

（1）总体排版有些凌乱。

（2）主入口不够明确、不够大气，总平面图和植物配景太凌乱。建议多练习配景绘制。

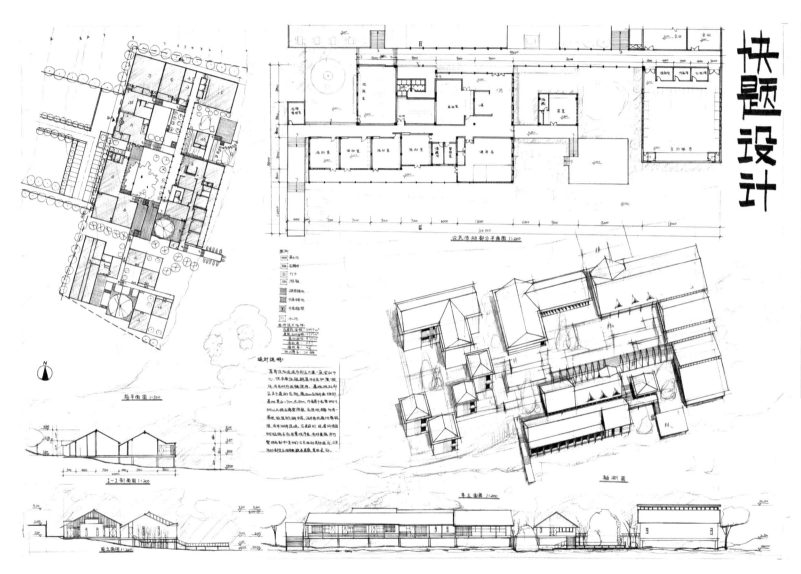

公共活动部分平面图 1:200

总平面图 1:500

设计说明：

1-1剖面图 1:200

剖立面图 1:200

轴测图

立面图 1:200

名称：003-160204-0011

优点：
（1）制图清晰、规范，采用了彩铅与墨线结合的方式划分图层，使图面信息充足，且有效避免了视觉混乱的情况发生。
（2）屋顶形式活泼多样，符合度假酒店的建筑特点，设计富有细节和深度，是一幅较为优秀的快题作品。
（3）效果图细节丰富，在暗部使用黑色让建筑的层次更为分明。
（4）设计与场地原有景观结合得当，产生了丰富的视觉关系。

缺点：
总平面图的表达过于追求细节，在考试时不太可取。

名称：003-160204-0013

优点：

（1）表现技法纯熟、造型生动。阴影上色使整体效果更加强烈。马克笔上色技法纯熟。

（2）平面总体布局合理，体现了作者良好的表现能力和应试技巧。

（3）制图规范并且富有细节，平面中标有尺寸线和轴号，场地设计丰富。

缺点：

（1）总体排线有些凌乱，总平面图的重点不够明确，老师读图略困难。

（2）剖面图的梁柱尺度比例不对。地平线未加粗，没有室内、外高差。

（3）二层平面图不用绘制环境。

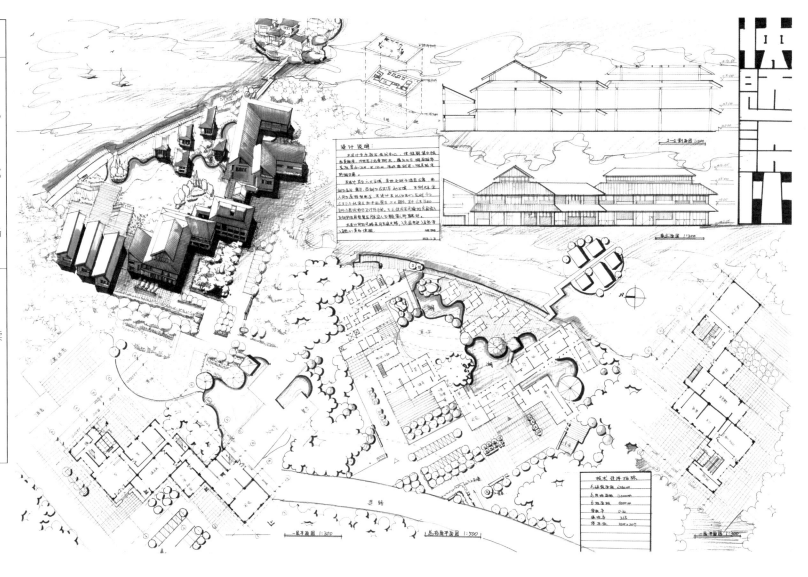

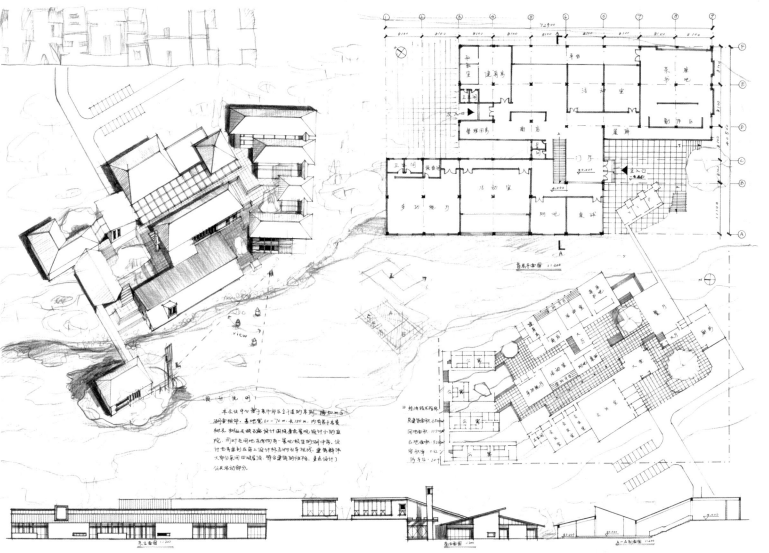

优点:
（1）效果图放置的位置很好，具有很强的吸引力，平面图制图规范且富有细节。
（2）平面总体布局合理，结合了场地高差、景观做了深入的设计。
（3）表现技法纯熟、造型生动。屋顶与屋顶的交接处理有设计深度，阴影上色使整体效果更加强烈。

缺点:
分析图的表达过于简单，跟环境混到一起，不易识别。

名称：003-160204-0020

优点：
（1）将体量消解成小块，整体造型灵活多变。
（2）园林式总平面布局具有趣味性。
（3）表达清晰、干净，排版均衡、合理，效果图的表现手法相当熟练。

缺点：
（1）总体排线有些凌乱。
（2）平面制图缺失一些要素，不够规范。

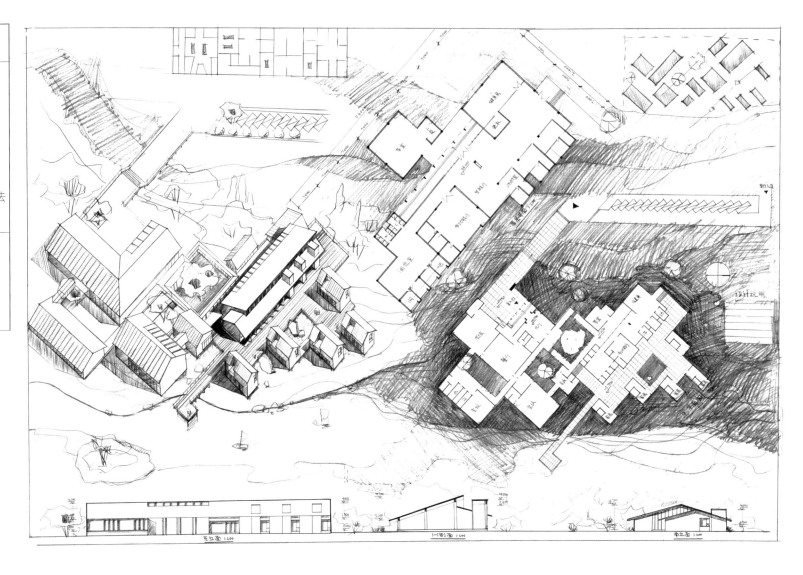

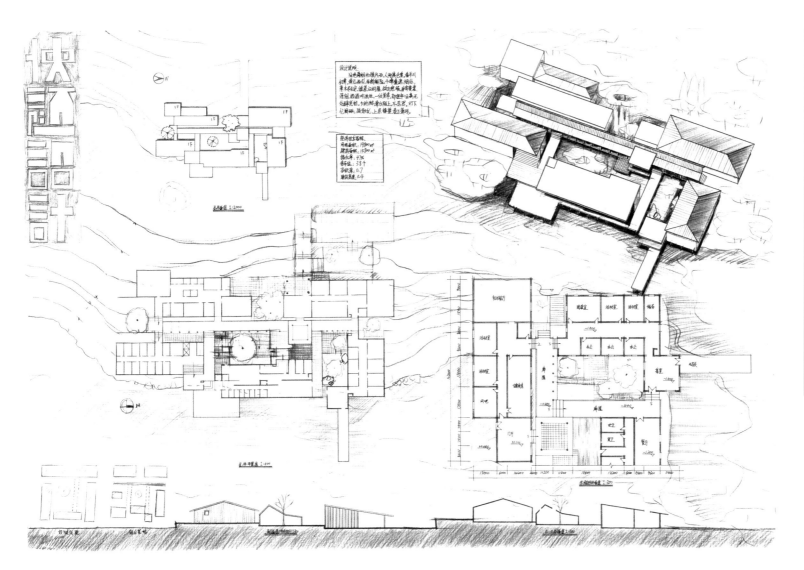

名称：003-160204-0021

优点：
（1）版面充实、内容丰富，总平面图、效果图和平面图的环境在版面中较好地融合在一起。
（2）总体布局合理，墙体之间的对位关系较好，平面舒展，体现了作者良好的表现能力和应试技巧。
（3）制图规范并且富有细节，场地设计丰富。

缺点：
（1）平面的指向与原有平面的指向不一致，易造成误解。
（2）分析图和剖面图的表达过于简单。

名称：003-160204-0009

优点：
（1）制图清晰，表达明确，易于读图。
（2）平面总体布局合理，流线畅通，思路明确，明确地将会议区、活动区、餐饮区、住宿区分置于场地内部。
（3）场地设计中充分考虑了基地内部高差，有不错的设计深度，效果图表达细致、丰富。

缺点：
（1）屋顶形式稍微有点乱，平屋顶和坡屋顶没有结合好。
（2）剖面图的梁柱尺度比例不对，剖线、看线不清晰。

建议：
统一屋顶形式，全部改为坡屋顶更符合建筑风格。

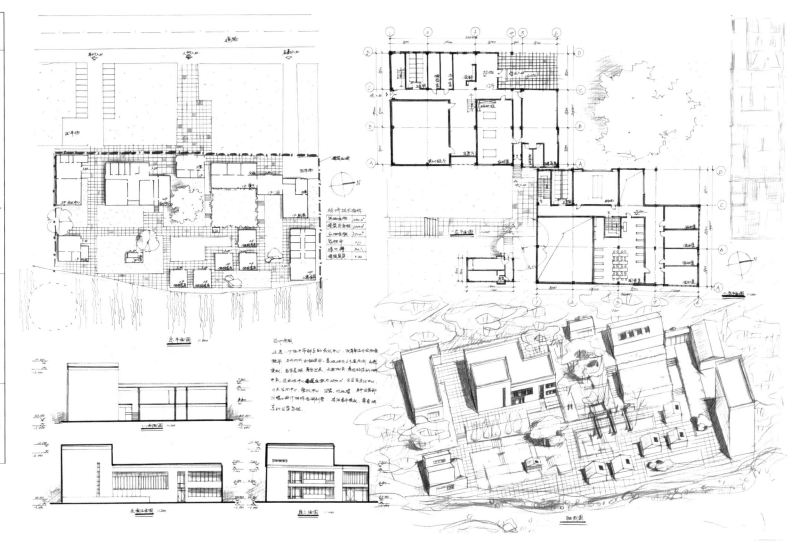

5.6 电影艺术家度假村

5.6.1 项目概况

中国电影艺术家协会拟在北京北部山区兴建一座电影艺术家度假村，供电影艺术家休闲度假、聚会、研讨之用。

该地段为一坡地，高差 10 m，坡向西北方向。地段的西北方向为两条峡谷的交汇处，两条峡谷中均有一条溪水，水流长年不断，并在峡谷的交汇处汇成一座水潭。水潭清澈见底，周围林木茂密、风景秀丽，地段西侧有一条机动车道，详见平面图。电影艺术家度假村总建筑面积为 5500 m²，层数不超过 3 层。

5.6.2 设计要求

1. 项目要求

（1）公共活动和餐饮用房面积为 980 m²。其中：门厅面积为 200 m²；舞厅面积为 100 m²；健身房面积为 100 m²；大餐厅面积为 100 m²；小餐厅有 5 个，每个面积为 20 m²；厨房面积为 200 m²；茶室面积为 50 m²；酒吧面积为 50 m²；商店面积为 40 m²；美容美发面积为 40 m²。

（2）学术活动用房面积为 760 m²。其中：展厅或展示空间面积为 150 m²；电影放映厅兼多功能厅面积为 150 m²；中型电影观摩研讨室面积为 50 m²；小型电影观摩研讨室有 4 间，每间为 30 m²；研修室共有 6 间，每间面积为 40 m²；图书资料面积为 50 m²。

（3）客房面积为 1600 m²。其中：标准客房 30 间；套间客房 5 间。

（4）后勤行政用房为 510 m²。其中：办公室 10 间，每间为 20 m²；会议室面积为 50 m²；车库面积为 100 m²；锅炉房面积为 50 m²；变电室面积为 30 m²；水泵房面积为 30 m²；电话总机室面积为 30 m²；消防控制中心面积为 20 m²。此外，走廊、库房、卫生间设施等根据情况自行安排。

（5）室外停车场：停车泊位 20 个。

（6）绿化率大于等于 40%。

（7）地段内给出的树木应予以保留。

2. 图纸要求

（1）各层平面图，比例为 1：200。

（2）立面图 2 个，比例为 1：200。

（3）剖面图 2 个，比例为 1：200。

（4）总平面图，比例为 1：500。

（5）透视图，表现手法不限。

5.6.3 注意事项

（1）考查考生对建筑与地形的协调能力。

（2）考查考生对建筑选址、体形布局的场地设计能力。

（3）考查考生对度假村类型的空间与功能范式的理解程度。

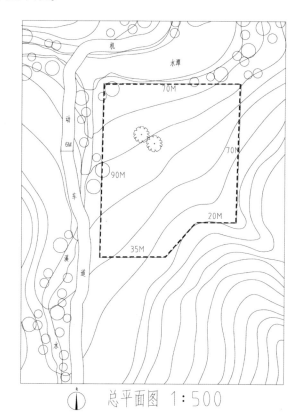

总平面图 1：500

名称： 20170822_0005

优点：

（1）整张图线条流畅、标注明确、表达充分，体现了作者良好的手绘功底。

（2）造型舒展、大方，虚实对比强烈。

（3）图底关系明确，各结构图跃然纸上、清晰可见，便于阅卷人阅读。

缺点：

（1）因排版不够均衡导致总平面图太小，1：700 的比例不足以清晰表达场地关系。

（2）立面设计太过简单，尤其是西立面图过于零碎。

（3）所有客房均呈东西向布局，不够合理，并且没有良好的景观视角。

建议：

将客房区域与展厅区域进行对调，使客房的景观朝向达到最佳。

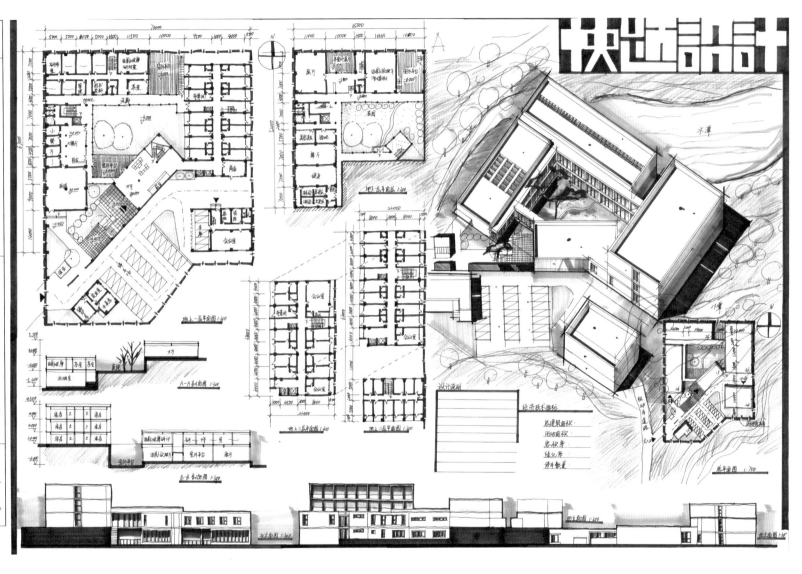

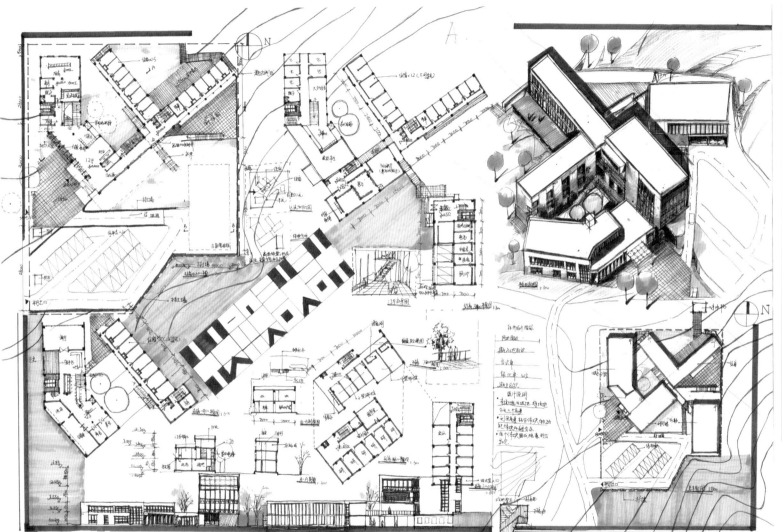

名称：20170822_0008

优点：
（1）功能分区明确、流线清晰。
（2）手绘线条用线自信、豪放。
（3）体块的旋转穿插关系与平面结合紧密。

缺点：
（1）排版略显凌乱，图底关系不够清晰，快题设计这几个字不应该放在设计图中间。
（2）剖面图制图有误，且分界性不强。
（3）效果图整体太灰，不够吸引人。

建议：
建筑倾斜角度应与总平面图的斜线保持一致，并且建筑的倾斜角度应统一。

名称： 20170822_0004

优点：
（1）整体排版风格极具视觉冲击力，大体色调处于平衡状态。
（2）手绘线条用线自信、豪放，图底关系清晰。
（3）功能流线区分清楚，平面布局简洁、大方，建筑空间排列有序，中间的连廊简单、直接地将各个功能空间序列连接形成空间主体。

缺点：
（1）沿湖的客房外侧建议取消亲水平台，人在户外活动时，易对客房内造成视线干扰及噪声干扰。
（2）倾斜的四栋楼角度不一，没有逻辑性。

建议：
建筑倾斜角度应与总平面图的斜线保持一致，并且建筑倾斜角度应统一。

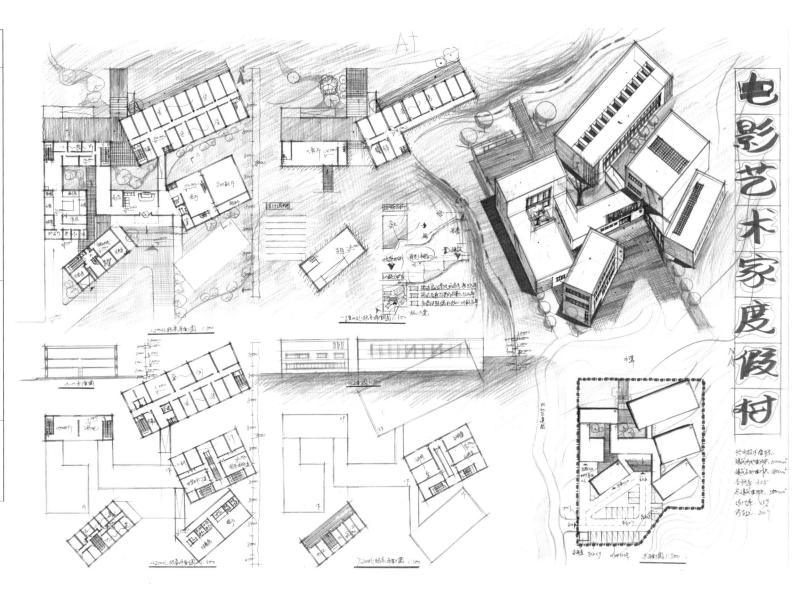

电影艺术家度假村

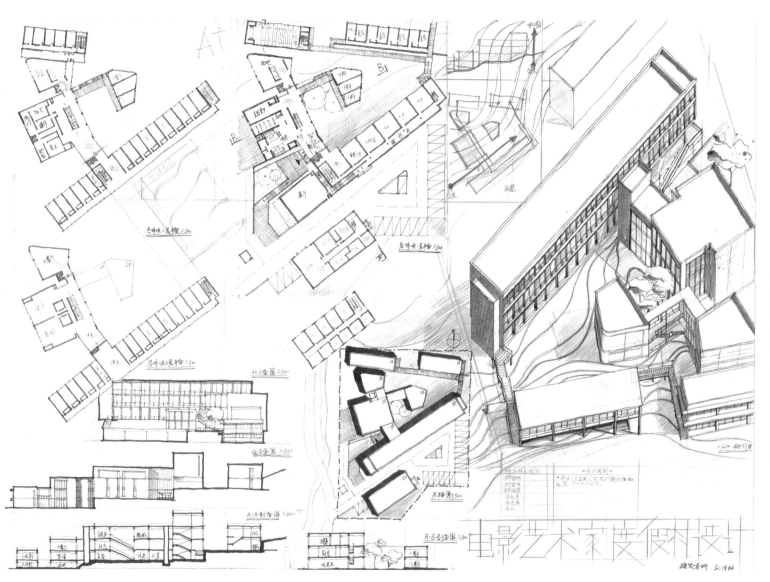

名称：2017082_0006

优点：
（1）建筑张弛有度，能形成一个聚合式回院。
（2）动线处理思路清晰，交通线简洁、直接。
（3）空间通透而连续，用隔断的分隔既区别了空间，又容许人们相互交流与沟通。

缺点：
（1）从排版的虚实均衡角度来说，整体版面不够协调，左侧过于清淡，效果图过于突出。
（2）建筑阴影关系不够强烈，阴影表达部分错误。
（3）场地设计过于简单，没有体现庭院的亮点。

建议：
丰富场地设计及庭院景观设计。

名称：20170822_0001

优点：
（1）整体排版风格清爽、淡雅，版面较为紧凑。
（2）流线处理思路清晰，交通简洁、直接。
（3）整体制图规范、柱网明确。

缺点：
（1）从排版的虚实均衡来说，整体版面不够协调。
（2）后勤和学术活动楼的摆放空间感受不佳，间距过于狭窄。

建议：
丰富场地设计及庭院景观设计，后勤和学术活动空间靠东南方放置。

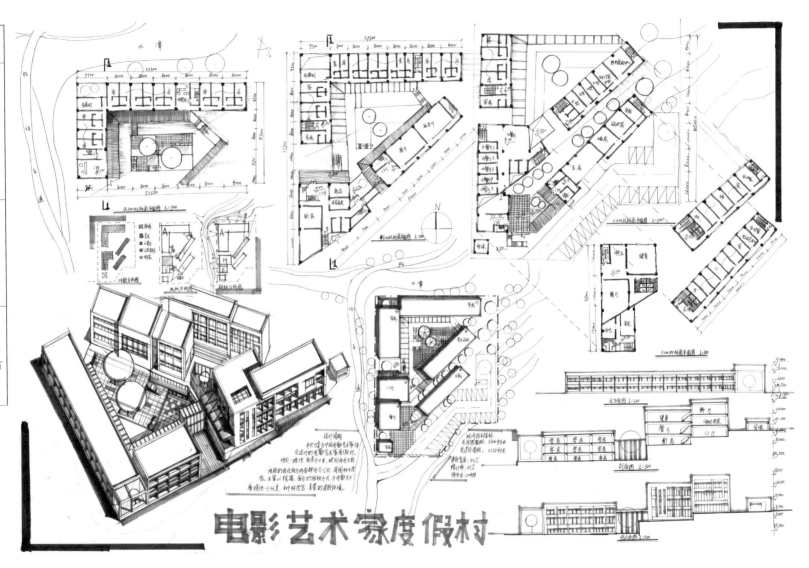

电影艺术家度假村

5.7 老年人活动中心扩建工程

5.7.1 项目概况

广州市某社区对原有老年人活动中心进行升级改造，以满足退休人员活动的需要。

活动中心位于台地上，原有建筑在用地西南角设有两处入口，建筑采用单元式，布置在不同标高的台地上，均为两层，以连廊连接。其中A、B、C栋为活动室，首层标高为 38.6 m，二层楼面均与连廊屋顶在同一标高上。D栋为办公区，首层标高为 41 m，层高为 3.4 m。

扩建用地与周边道路有较大高差，基地内部比较平整，场地标高为 37.5 m，具体情况详见地形图。

5.7.2 设计要求

1. 项目要求

（1）结合基地设计，能因地制宜地安排布局。扩建建筑应控制在建筑红线范围内，可根据需要增设出入口，开口位置请自行选择。

（2）地上建筑层数 2~3 层（以场地标高 37.5 m 以上计算，主题空间在场地标高以下的部分计为地下建筑或半地下建筑）。

（3）对用地红线内的室内外场地进行简单的环境设计，并解决 5 个停车位（室内外均可），其中无障碍车位 1 个。

（4）功能流线布局合理，考虑无障碍设计，要求残障人士可到达扩建部分的所有房间，并通过与原有建筑的合理连接，尽量改善原有建筑的无障碍通行条件，扩建部分需设置无障碍卫生间或专用厕位。

（5）建筑通风采光良好，适应地方气候。

（6）空间关系和竖向设计科学合理。

（7）结构形式合理，柱网清晰。

（8）符合有关建筑设计规范。

（9）设计表达清晰、全面、有条理，技法不限。

2. 功能要求

（1）门面积自定。

（2）值班室（带独立卫生间）1 间，面积为 20 m²。

（3）多功能活动厅 1 间，面积为 120 m²。

（4）群众曲艺活动室 2 间，每间面积为 50 m²。

（5）报纸杂志阅览室 1 间，面积为 60 m²。

（6）体检室、理疗室各 1 间，每间面积为 30 m²。

（7）小卖部（可对外服务）面积为 50 m²。

（8）库房 1 间，面积为 30 m²。

（9）配电间 1 间，面积为 20 m²。

（10）楼梯、电梯、坡道（数量自定）。

（11）其他辅助空间自定。

3. 图纸要求

（1）总平面图比例为 1：500。

（2）各层平面图比例为 1：100 或 1：150。

（3）立面图 1~2 个，比例为 1：100 或 1：150。

（4）剖面图 1~2 个，比例为 1：100 或 1：150。

（5）透视图 1 个，画面不小于 30 cm×40 cm。

（6）主要经济技术指标及设计说明。

（7）其他图纸自定。

（8）图纸采用 A2 图幅，纸质不限，横、竖版均可。

（1）考查考生对扩建建筑的新、旧建筑关系，功能流线对接的设计能力。

（2）考查考生对地形高差、建筑与道路的关系、开口选择等场地设计能力。

（3）考查考生对活动中心的空间与功能范式的理解程度。

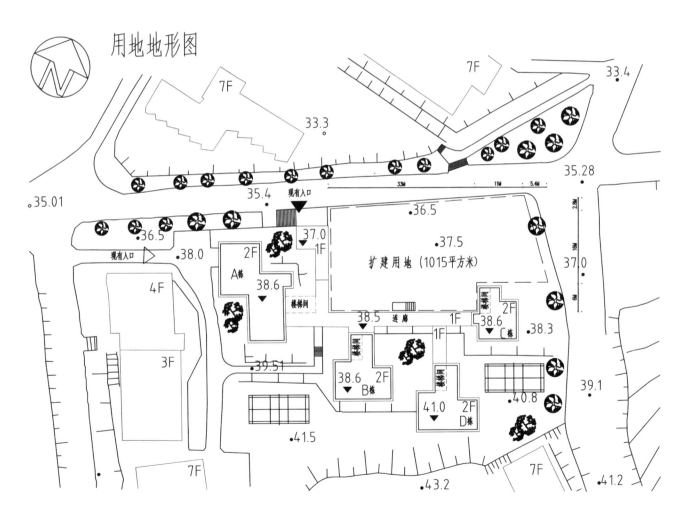

用地地形图

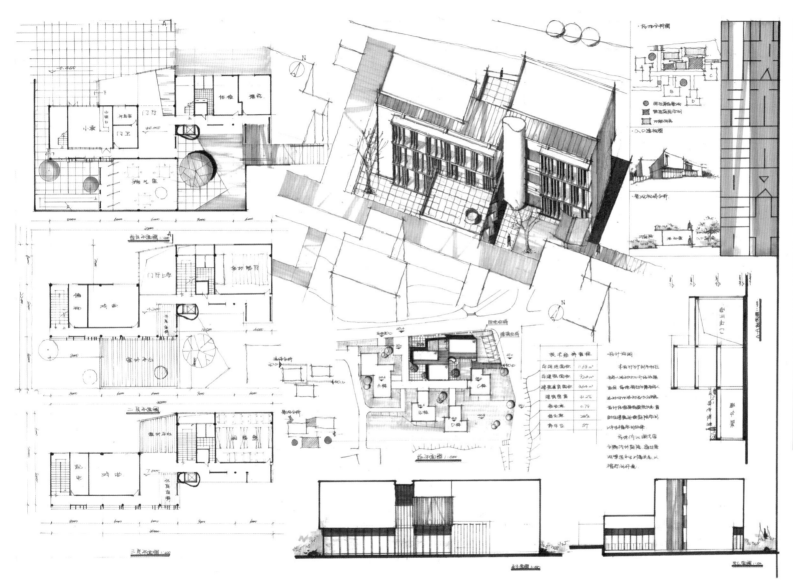

名称：001-170726-0014

优点：
（1）平面布局疏密有致，造型富有特色，表达规范、清晰，体现了作者平时的积累。
（2）立面图虚实对比强烈，同时也清楚地体现了内部功能的特点。
（3）功能的主副关系明确，由主要功能空间携配套附属用房，使室内动线简洁合理。

缺点：
（1）画面过浅，不具有视觉冲击，给人以未完成的误解。
（2）没有良好地解释和利用场地高差。

建议：
可适当增加图底颜色。建议建造场地高差来进行场地设计。

名称：001-170726-0006

优点：

（1）整个版面以纯线稿绘制，简洁清晰、干净朴素，内容完成度高。

（2）在效果图中大胆地采用轴测剖视图展现内部的空间关系和构件细部，十分独特。

（3）交通动线简洁，同时又富有空间变化，大空间内套小空间形成"盒中盒"的空间。

缺点：

（1）画面过浅，不具有视觉冲击感，给人以未完成的误解。

（2）轴测剖视图要让人充分看见空间变化，而此处空间变化在画面上并不强烈。

建议：

可适当增加图底颜色，使图底关系更加强烈。

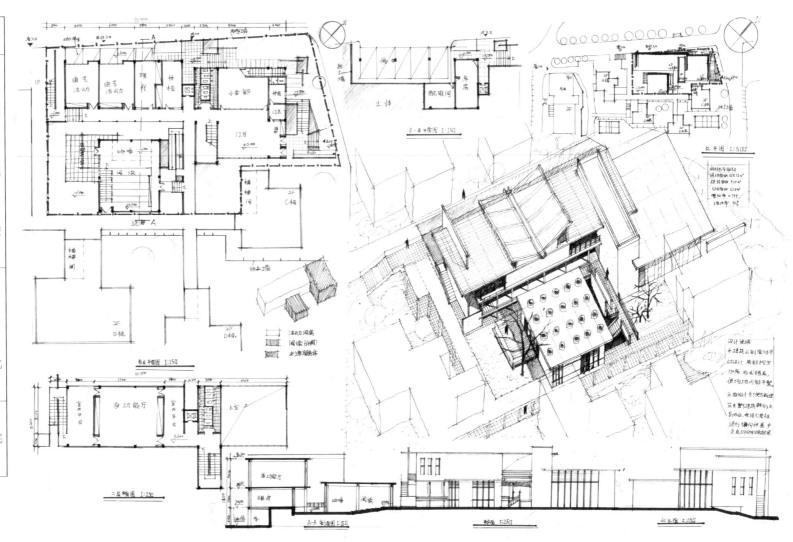

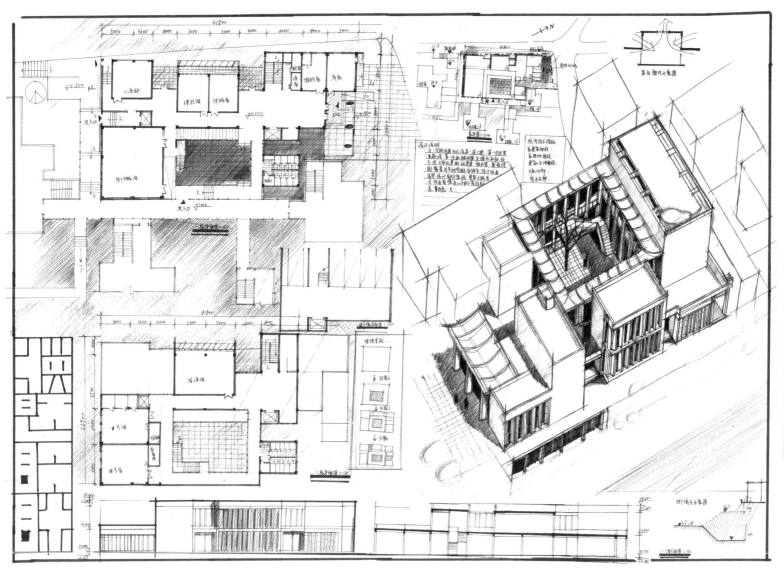

名称：001-170726-0007

优点：
（1）平面布局疏密有致，造型富有特色，表达规范、清晰，体现了作者平时的积累。彩铅单色尺规表现，简单明了且易出效果。
（2）立面图设计醒目且突出。
（3）整体排版疏密有致。

缺点：
（1）平面绘制不够规范，包括楼梯的绘制、门的设置等，并且平面元素应更加丰富。
（2）为了造型而牺牲交通空间的功能使用，交通空间过大，平面的使用率低。

建议：
（1）可适当增加图底颜色，使图底关系更加强烈。
（2）平面图绘制方面需要加强。

名称：001-170726-0008

优点：
（1）效果图冲击力强，楼梯底部的暗部将视觉中心处的立体感突显出来。
（2）交通流线简洁、直接，围绕花园提供良好的环境。
（3）一层场地环境景观设计成为亮点，看得出笔者花了心思。

缺点：
（1）平面标注的尺寸单位为m，实际应该为mm。
（2）卫生间绘制有误，并且卫生间是无天光的"黑房间"。

建议：
平面图绘制功底需要加强，对制图规范的掌握不够。

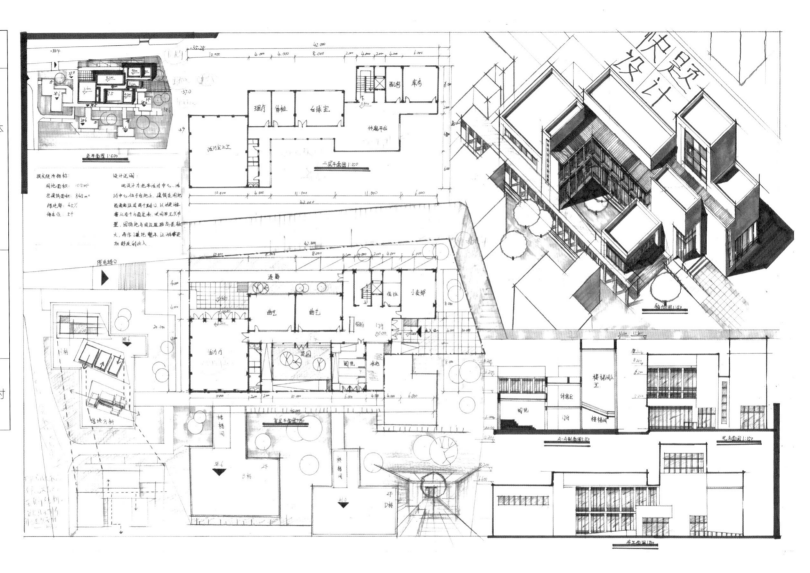

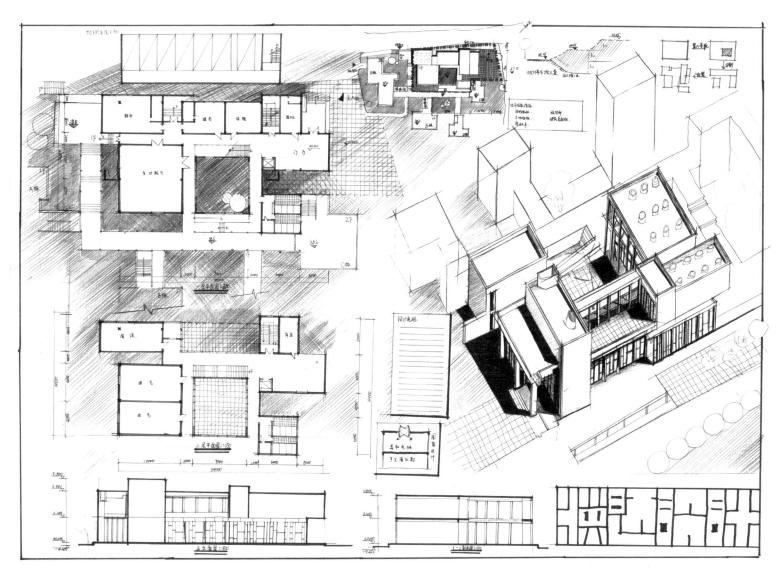

名称: 001-170726-0009

优点:
（1）整个版面以纯线稿完成，画面简洁清晰、干净朴素、内容完成度高。
（2）效果图的黑白关系明确，突出体块关系及变化特点。
（3）平面图绘制精细、版面整洁、图纸完整、制图技巧熟练。

缺点:
（1）立面图设计太过零碎，设计手法太单一。
（2）分析图绘制过于简单，图幅过小。
（3）平面图上不应出现绝对标高值，剖面图绘制有误。

建议:
可适当增加图底颜色，使图底关系更加清晰。

名称：001-170726-0010

优点：
（1）整体排版风格极具视觉冲击力，大体色调处于平衡状态。
（2）手绘线条用线自信、豪放，图底关系清晰。
（3）功能流线区分明确，平面布局简洁、大方，建筑空间有序排列，中间连廊简单直接地将各个功能空间序列连接形成空间主体。

缺点：
（1）制图未完成，剖面图绘制有误。
（2）关系不明确，显得零碎。

建议：
在绘图规范方面需要加强。

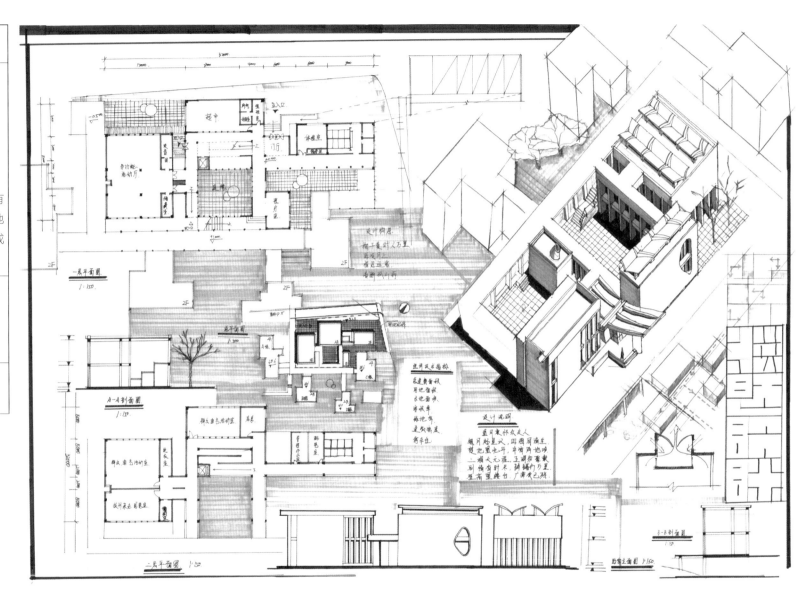

5.8 文化名人纪念馆设计

5.8.1 项目概况

某中国文化名人在城郊留下一处故居（局部），政府决定根据城市规划的要求在原地辟出一块用地来建设该名人的纪念馆，总面积控制在 2500 ㎡。

故居为单层木构架，是带有两坡顶、砖墙、小青瓦的传统建筑（保留）。

5.8.2 设计要求

1. 项目内容

（1）展览厅面积为 1200 ㎡（实物、图片展、收藏精品等）。

（2）影视厅面积为 150 ㎡（含声光控制等工作室）。

（3）管理用房面积为 300 ㎡。

（4）服务用房（休息、茶室、卖品部、卫生间等）。

（5）室外展廊、展场（适当）。

（6）停车位约 5 个。

2. 功能要求

（1）满足纪念馆建筑的功能要求。

（2）具有浓郁的文化气氛。

（3）图面表达清晰。

3. 图纸要求

（1）总平面图比例为 1 ： 400。

（2）各层平面图比例为 1 ： 200 或 1 ： 300。

（3）剖面图比例为 1 ： 200 或 1 ： 300。

（4）主要立面图比例为 1 ： 200 或 1 ： 300。

（5）透视图（方法不限）。

（6）简要设计说明。

5.8.3 注意事项

（1）考查考生对扩建建筑的新老关系、功能流线对接的设计能力。

（2）考查考生对建筑形体布局与场地、现存建筑之间的体形协调与空间协调的设计能力。

（3）考查考生对展览馆的空间与功能范式的理解程度。

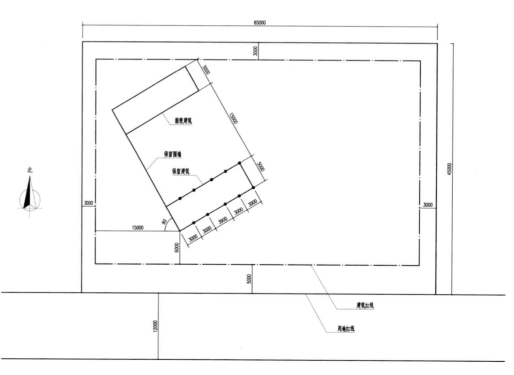

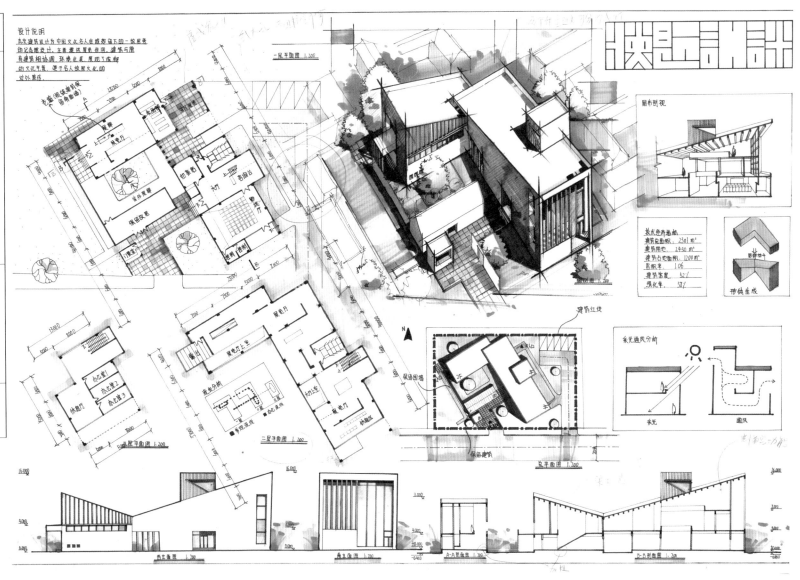

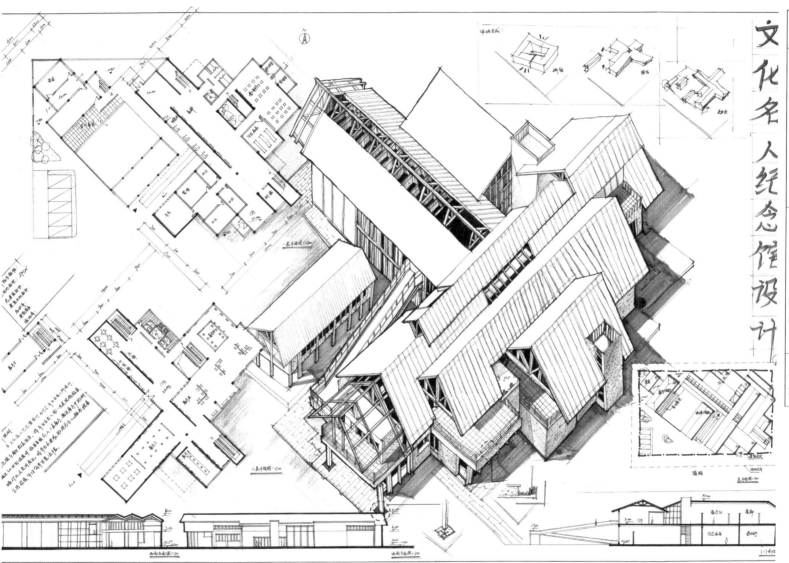

名称：2018151024732_0007

优点：
（1）排版布局均衡有致，效果图具有立体感。
（2）体块的旋转穿插关系与平面结合紧密。
（3）造型上使用片墙，能够很好地营造空间动线。

缺点：
（1）二、三层平面图未完成，剖面图未标注房间名称，总平面图没有绘制指北针，立面图的轮廓线未加粗。
（2）建筑主入口太狭窄，不利于人流的疏散。

建议：
绘图的完整性还需加强。

文化名人纪念馆设计

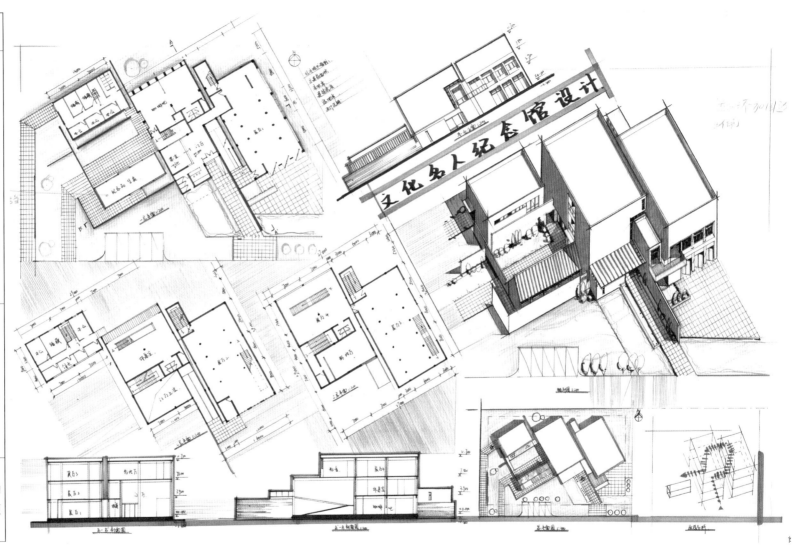

名称： 2018151024732_0005

优点：

（1）平面布局灵活、收放有度，展厅空间富有变化。

（2）体块造型变化丰富，通过合理的体块旋转，很好地处理了新、旧建筑之间的关系，通过减法处理保证体块完整，获得了很好的造型效果。

（3）动线流动性强，各个功能用房充分考虑了实际使用的形式，设计具有一定深度，细节丰富。

缺点：

（1）立面图的绘制过于简单，与其他图不搭。

（2）效果图上的阴影绘制错误，投射在墙面的阴影应该与投在地面上的阴影明确区分开。

（3）剖面图绘制有误。

建议：

建议换一种灰色，图底彩铅的线条建议更整洁一些，以方便识图。

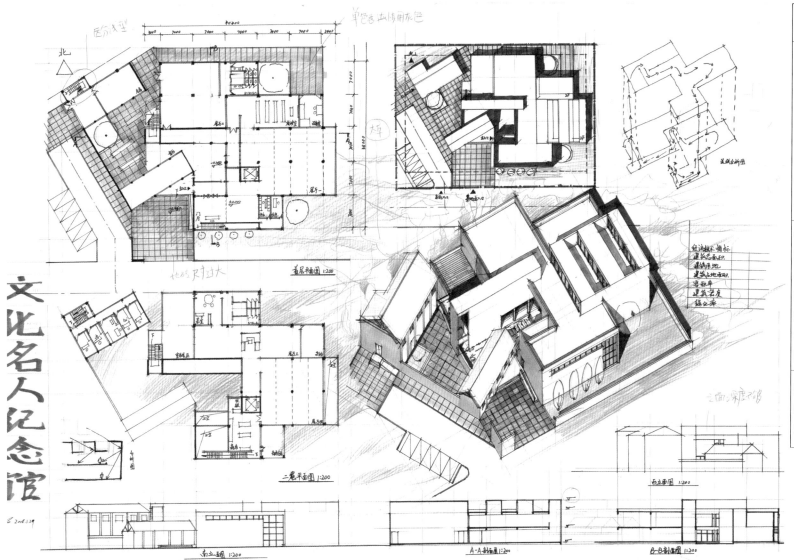

文化名人纪念馆

优点：
（1）局部剖面图和透视图清晰、明了地表达了空间设计。
（2）表现技法纯熟，造型生动。阴影部分使整体效果更加强烈，马克笔上色技法纯熟。
（3）建筑造型元素统一，符合建筑特点。

缺点：
（1）从平面图来看，主入口的导向性不够明显。
（2）一、二层平面图中，坡道的坡度太大，不符合规范，且坡道绘制错误。
（3）标注线太乱，不利于识图。

建议：
绘图不够规范，斜屋顶造型的逻辑性欠佳。

名称：2018151024732_0006

优点：
（1）彩铅与黑色马克笔对比效果突出、强烈、富有个性、视觉冲击力强。
（2）使用单色上色，图面比较整洁。
（3）平面各功能分散布置，且用简单的流线串联起来，使建筑形态更舒展、更灵活。

缺点：
（1）斜排版不太适合本图，制图者没有很好地补充和利用空间。
（2）效果图上的阴影绘制错误，投在墙面上的阴影应该与投在地面上的阴影明确区分开。
（3）第五立面图设计太过简单，基本没做设计。

建议：
版面不够均衡，设计元素过于简单。

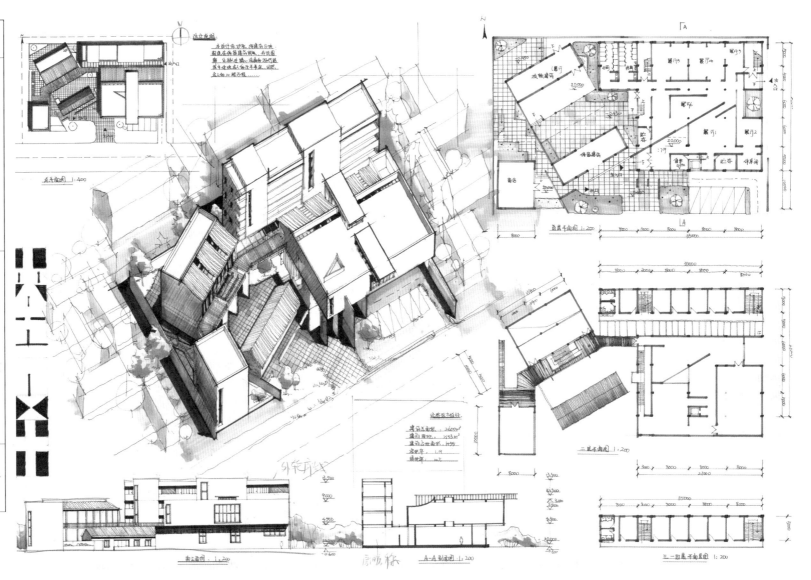

5.9 北方某高校体育训练馆建筑方案设计

5.9.1 项目概况

本训练馆位于我国北方（寒冷地区）某高校校园内，是一座主要为体育教学和师生体育活动服务的室内体育训练馆。训练馆建设用地东西长 96 m，南北宽 52 m，具体位置详见用地总平面图。总建筑面积 5000~6000 ㎡。

5.9.2 设计要求

1. 项目要求

（1）训练场地：须容纳 4 块篮球训练场地（兼作排球训练场地）和 4 块羽毛球训练场地。其中排球场上空的净高不低于 11 m，篮球场和羽毛球场上空净高不低于 7 m。

（2）本训练馆不设看台。

（3）更衣室、卫生间：设置更衣室 3 间，每间面积 50 ㎡，设置男、女卫生间各 1 间，男卫生间不少于 4 个蹲位和 5 个小便斗，女卫生间不少于 8 个蹲位，男、女卫生间均须设置前室。

（4）办公室：4~6 间，每间面积为 18 ㎡。

（5）健身房：200 ㎡，内设各种健身器械。

（6）健美操排练室：200 ㎡。

（7）库房、值班室：库房 100 ㎡，存放运动设备；值班室 18 ㎡。

（8）其他：可根据设计者对高校体育训练馆的理解自行确定。

2. 功能要求

设计须符合国家的相关规范要求。应注意体育馆与周边环境的关系，尽可能减少体育馆对北侧学生宿舍的影响。建筑物层数、结构形式和材料不限，还应尽量考虑自然采光和通风。明确训练馆的结构形式，并在图中有正确的反映。

3. 图纸要求

（1）总平面图（须表达用地范围及周边场地设计）比例为 1 : 1000。

（2）各层平面图（须表达训练场地布置）比例为 1 : 200 或 1 : 300。

（3）立面图 1~2 个，剖面图 1~2 个，比例为 1 : 200 或 1 : 300。

（4）效果图形式自定，必须能准确反映空间设计。

（5）设计说明及主要技术指标。

（6）一层平面图中须标出轴线尺寸。

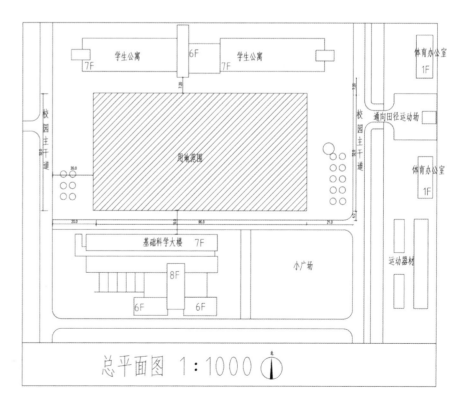

总平面图 1:1000

名称：201708261613_0012

优点：

（1）徒手绘制体现出良好的手绘功底，排版布局上效果图突出，平面图清晰、直观。

（2）造型新颖，体现了体育馆的现代感与科技感。

（3）绘制了节点大样图，不仅丰富了图面，还体现了作者的专业性。

（4）剖面图透视清晰，且体现设计中独特的活动空间。

缺点：

（1）平面图空间利用率较低，体育空间建议做大、做满。

（2）平面图各功能之间联系不强，较为分散，增加了路线距离。

建议：

尽可能避免浪费空间，通高空间在垂直方向上最好能体现出体块的变化。

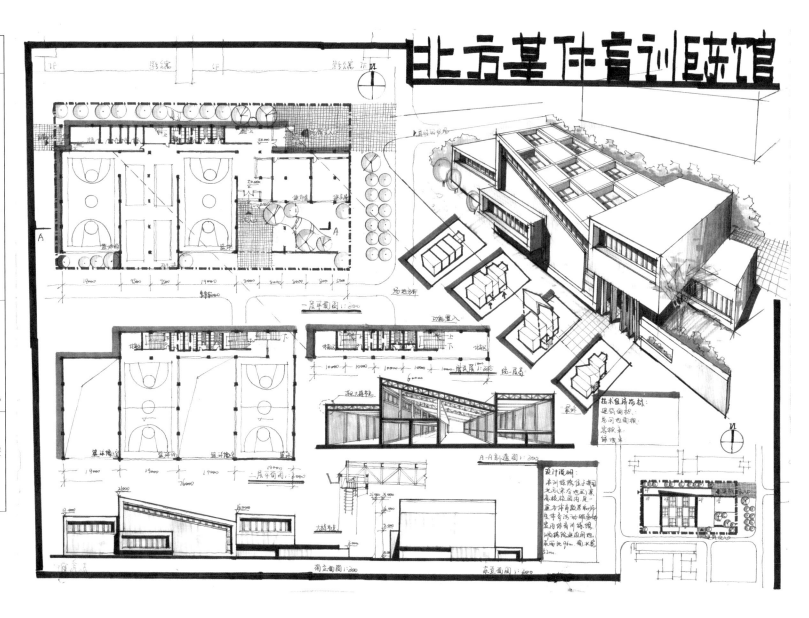

北方某体育训练馆

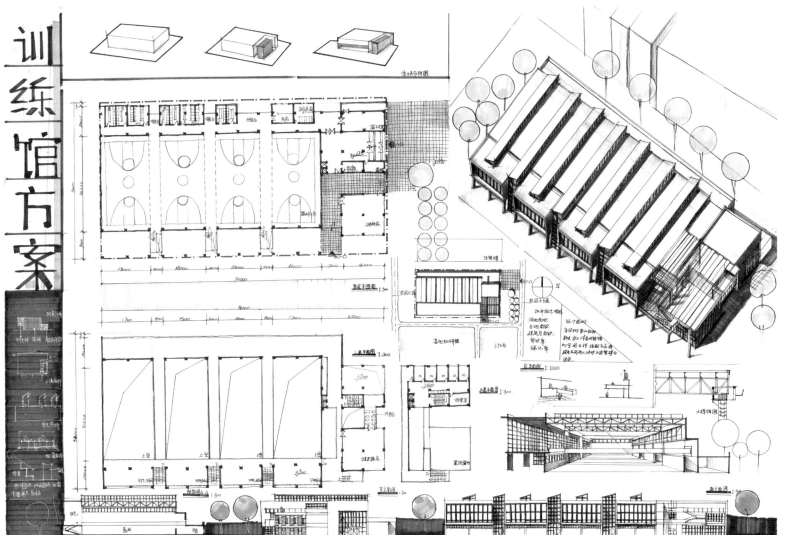

训练馆方案

优点：
（1）立面和屋顶符合度假中心的建筑特点。
（2）制图规范且富有细节，场地设计丰富。

缺点：
（1）用提白笔在黑底上绘制分析图的方式不利于识图。
（2）造型上只有简单的屋顶天窗造型，并且天窗开的数量太多，导致立面图造型太碎。
（3）版面整体性不强。

建议：
造型上建议结合交通做一些虚实体块变化，建议挖出一些通高空间进行空间界定的细化设计，并结合通高设置景观楼梯，引导参观人流。

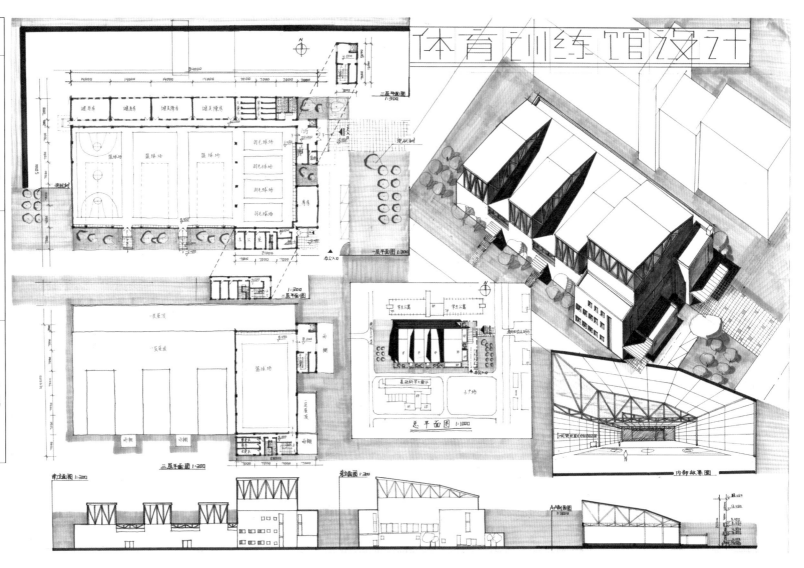

名称：001-150211-0018

优点：

（1）版面丰富、完整，用蓝色作为打底，点缀一些亮黄色，使版面更加鲜活。

（2）功能流线区分清楚，建筑空间有序排列、表达明确、制图规范、有细节。

缺点：

（1）屋顶网架结构的比例不对，绘制错误。

（2）立面开窗太碎，应该与立面图设计结合在一起。

建议：

在设计时应通过环境、交通、动线等来考虑建筑形体与造型，不要一味追求功能性，而忘记环境与建筑本身的交流。同时，也要注意建筑本身的整体性。

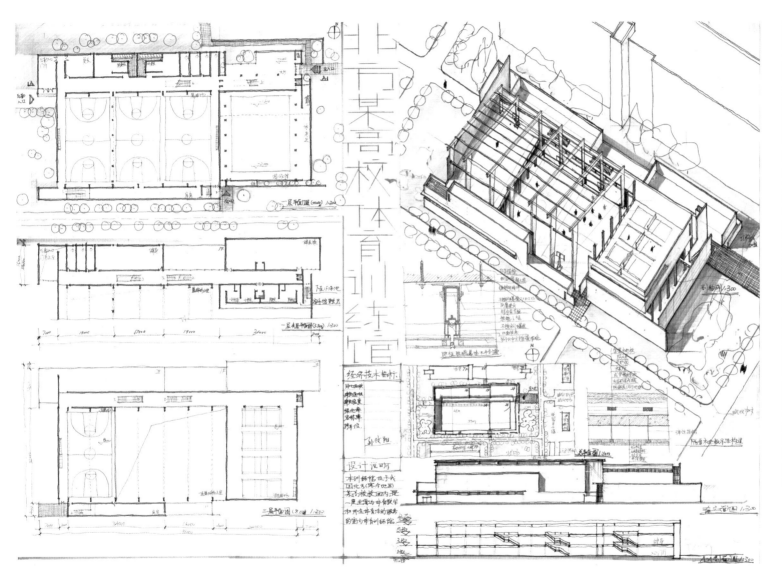

北方某高校体育训练馆

名称：003-160204-0007

优点：
（1）制图清晰、规范，采用彩铅与墨线结合的方式划分图层，使图面效果在信息充足的情况下避免视觉混乱的情况发生。
（2）效果图细节充沛，暗部的颜色使得建筑的层次分明。
（3）徒手绘制的线条自信有力，体现了笔者扎实的绘图功底。

缺点：
（1）总平面图的阴影表达，建议使用黑色，如使用蓝色容易混淆。
（2）场地设计太简单。

建议：
场地设计需要更加丰富，分析图建议就大跨度和屋顶做一些构造分析图。

名称：201708261613_0005

优点：
（1）立面屋顶具有建筑性格。
（2）制图规范且富有细节，场地设计丰富。
（3）平面总体布局合理，体现了作者良好的表现能力和应试技巧。

缺点：
（1）分析图在黑底上用提白笔绘制的方式不利于识图。
（2）造型上只有简单的屋顶天窗造型，并且天窗数量太多，立面造型太碎。
（3）版面整体性不强。

建议：
造型上建议结合交通要求做一些虚实体块变化，建议挖出一些通高空间进行空间界定的细化设计，并结合通高设置景观楼梯，引导参观人流。

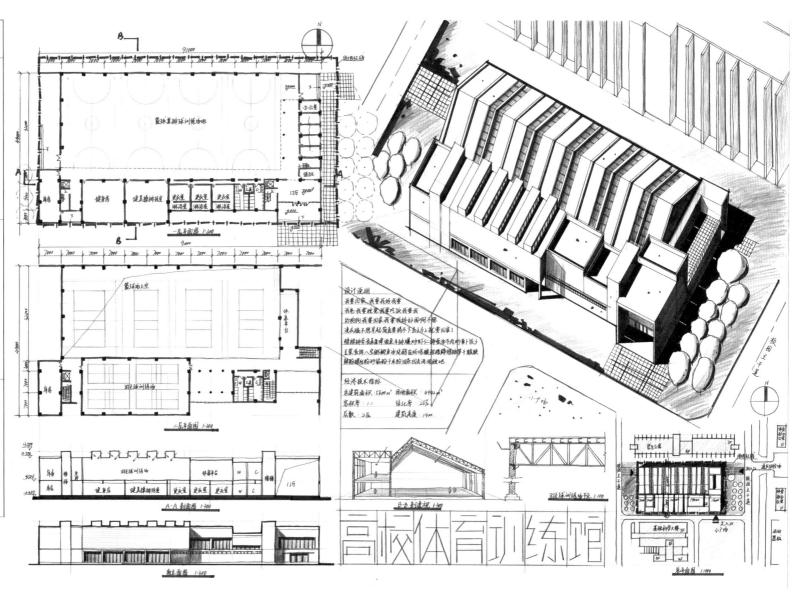

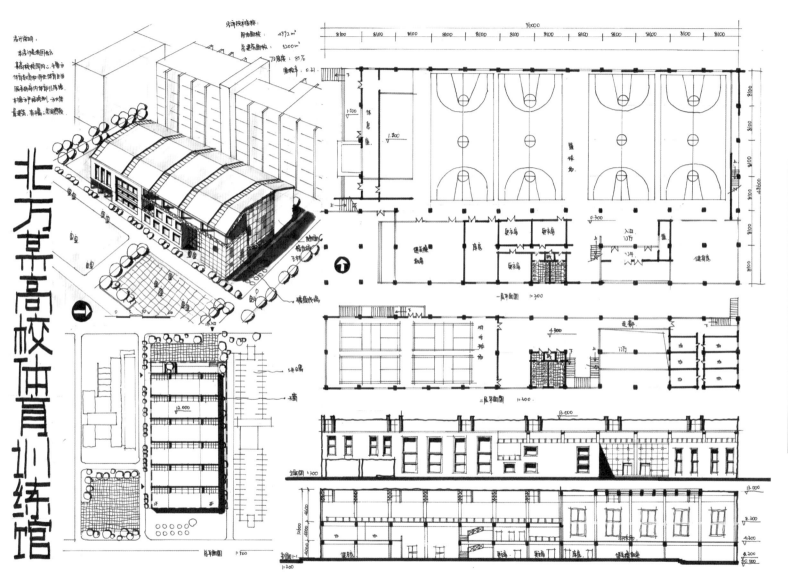

北方某高校体育训练馆

第 6 章

优秀快题设计
欣赏

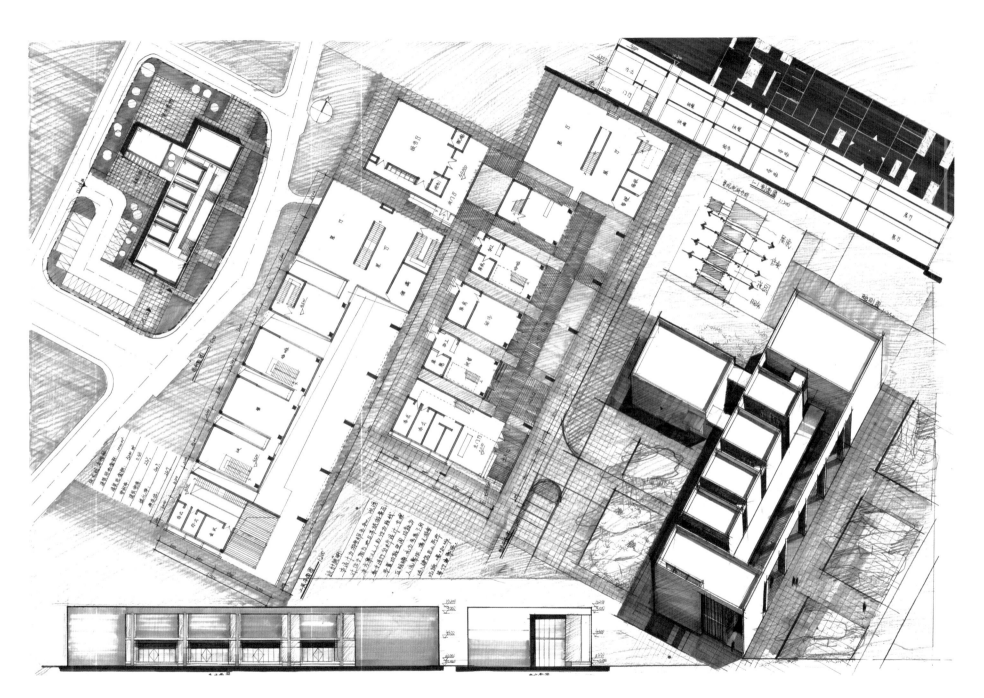

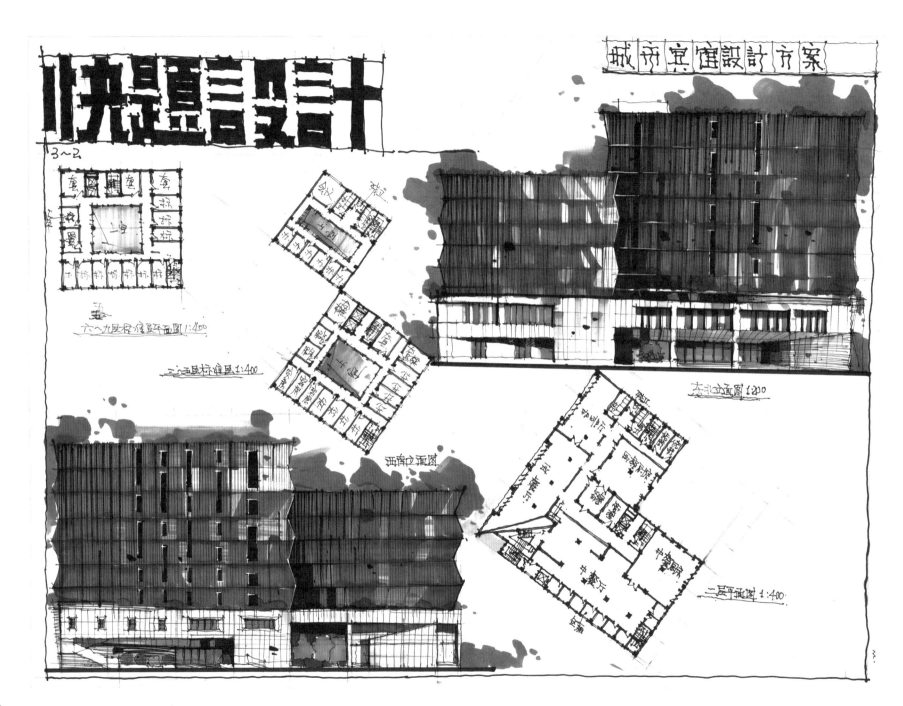

城市宾馆设计方案

快题设计

3~2

六~九层标准层平面图 1:400

三~五层标准层 1:400

总立

东北立面图 1:200

西南立面图

二层平面图 1:400

卓越手绘 / 建筑 快题设计 100 例

94

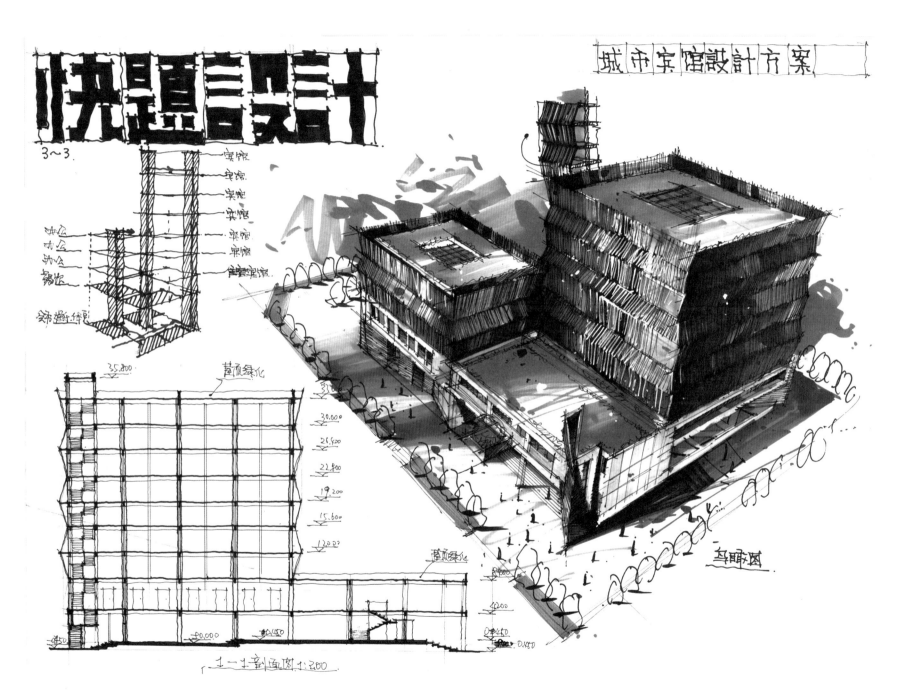

快題設計

城市宾馆設計方案

3~3.

宾馆
宾馆
宾馆
宾馆
宾馆
宾馆
餐厅宾馆

办公
办公
办公
餐饮

公共接待住

35.800

草顶绿化

35.800
30.000
26.600
22.800
19.200
15.600
12.000

草顶绿化

0.000
-0.450

1—1剖面图 1:200

鸟瞰图

95

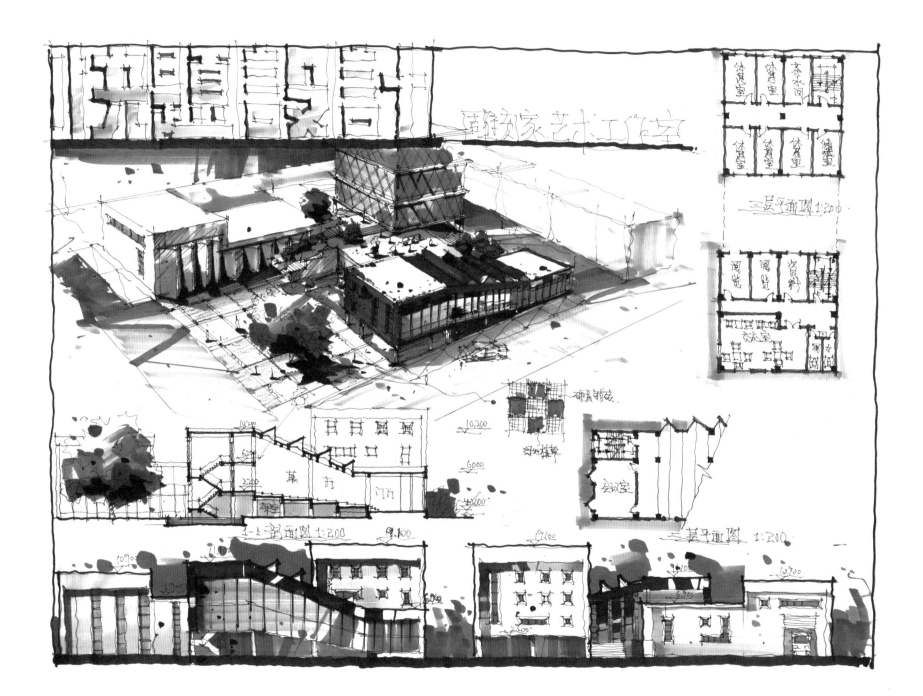

雕刻家艺术工作室

三层平面图 1:200

硬质铺砖

绿地植草

1-1 剖面图 1:200

三层平面图 1:200

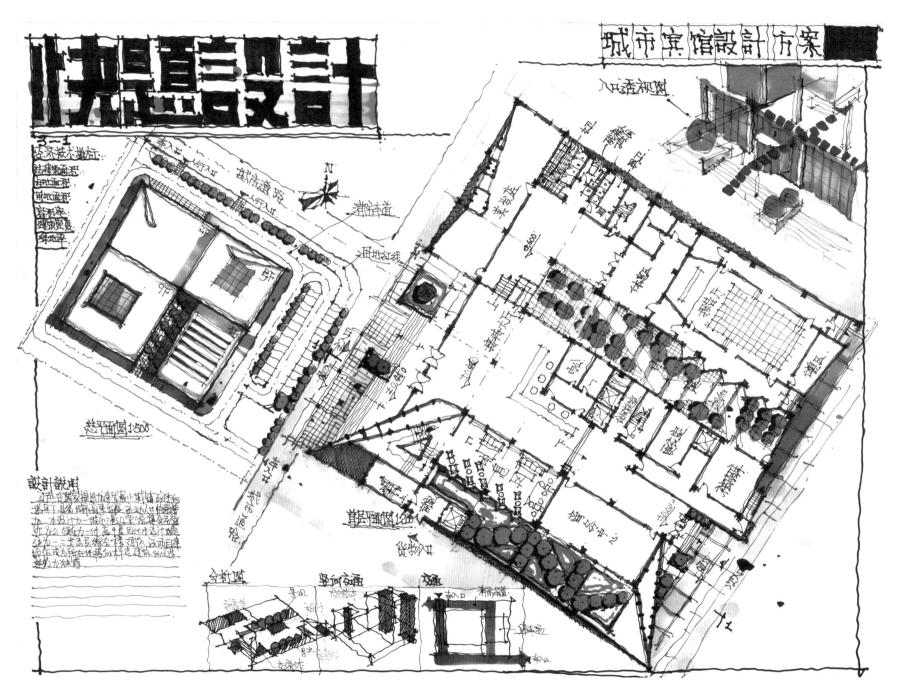

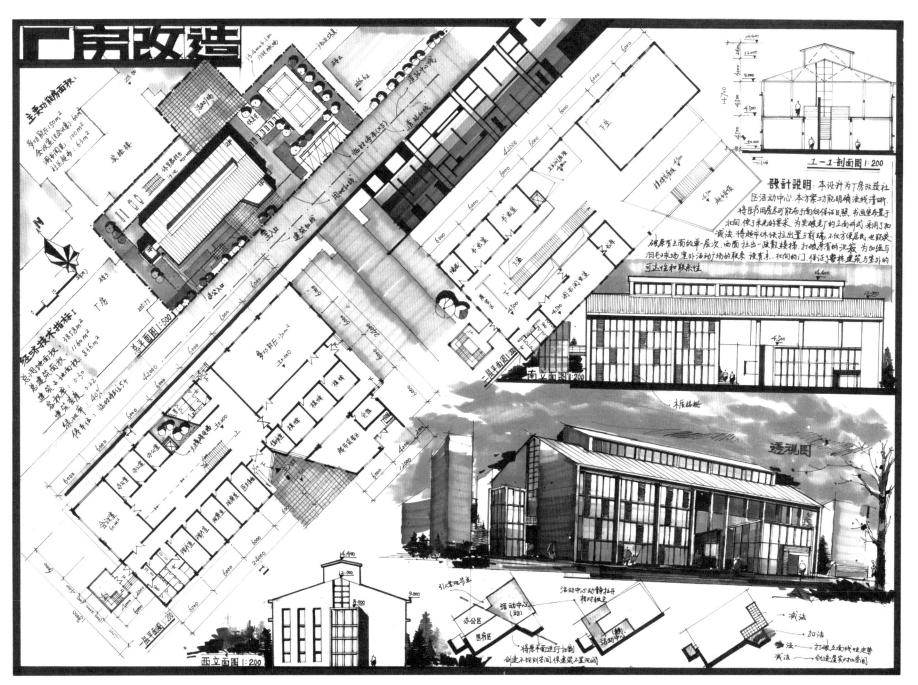

厂房改造

设计说明：本设计为厂房改造社区活动中心，本方案功能明确流线清晰，将医疗用房尽可能布于南向保证日照，书画室布于北向，便于采光的要求，为来破走厂的立面形式，采用了加破屋有主面的单一层次，南面拉出一减散接场，扣破房有的沈寂，为加强与羽毛球场，室外活动场的联系，设有东、北向的门，保证了整栋建筑与室外的可达性和联系性

1—1剖面图 1:200

主要功能房面积：

经济技术指标

总平面图 1:500

二层平面图 1:200

南立面图 1:200

透视图

西立面图 1:200

减法

加法

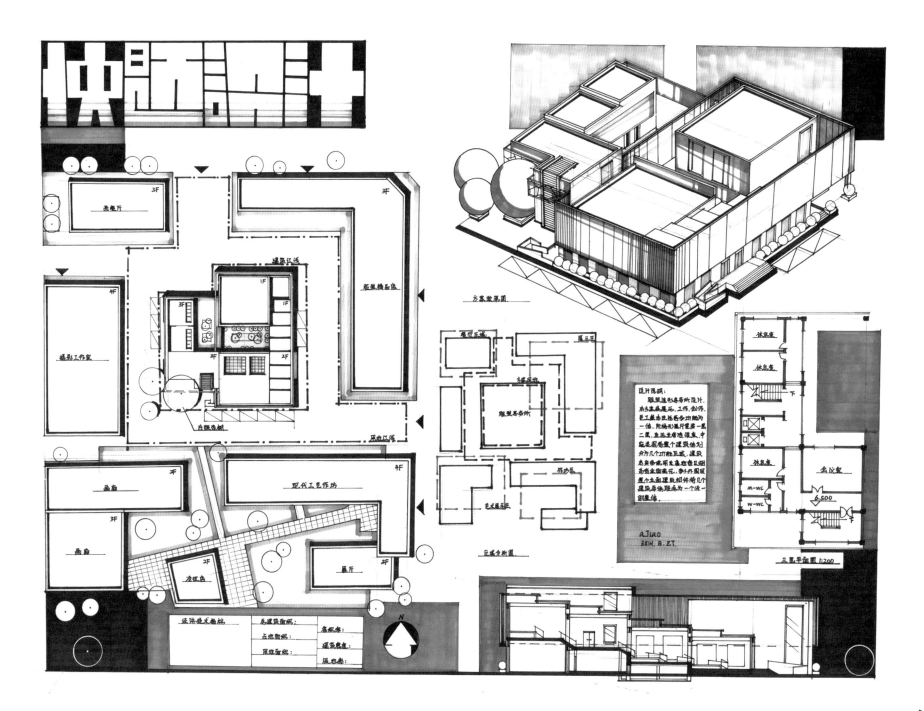

快题设计

方案效果图

设计说明：
　服装造型事务所设计，为了集展示、工作、创作、员工兼业休憩等多功能为一体，将摄影展厅置第一层、二层，自此业务洽谈室，中庭老园将整个建筑规划分为几个功能互融，通过丰富多彩明光亮想借及创造面立面造型元，参外围现个立面建筑规件将几建筑再做雕亮为一个统一整体。

aJiao
2014.5.27

经济技术指标

总建筑面积：	绿化率：
占地面积：	建筑密度：
用地面积：	容积率：

三层平面图 1:200

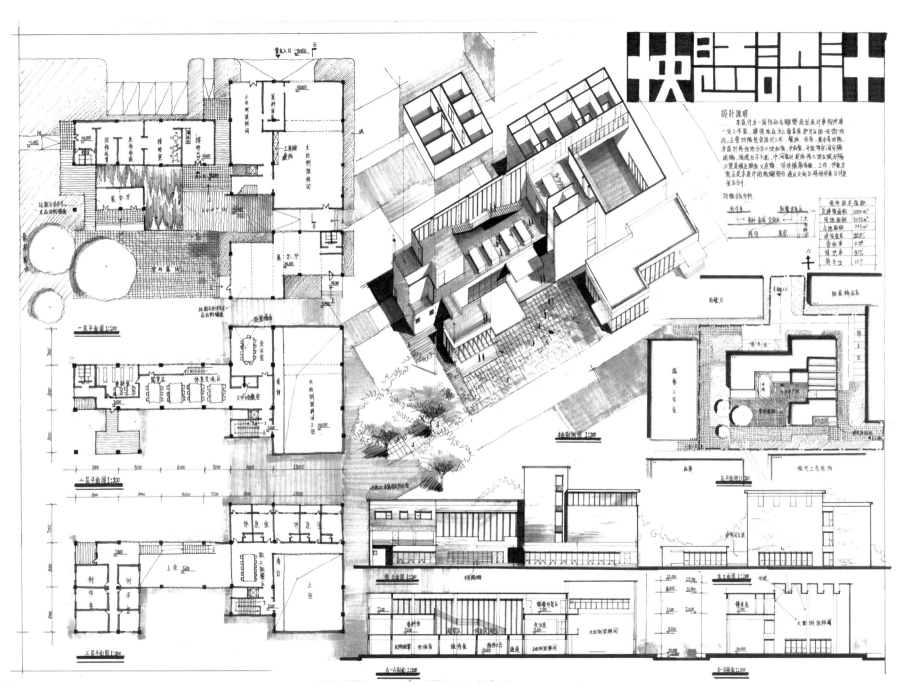

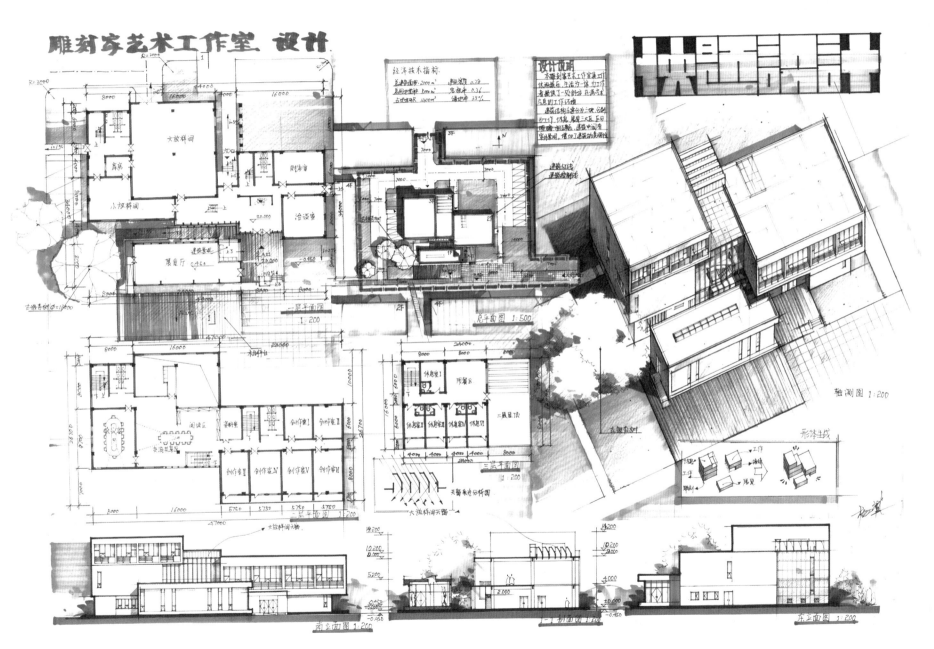

雕刻家艺术工作室 设计

经济技术指标
设计说明

一层平面图 1:200

总平面图 1:500

二层平面图 1:200

三层平面图 1:200

天窗采光分析图

轴测图 1:200

形体生成

南立面图 1:200

剖面图 1:200

东立面图 1:200

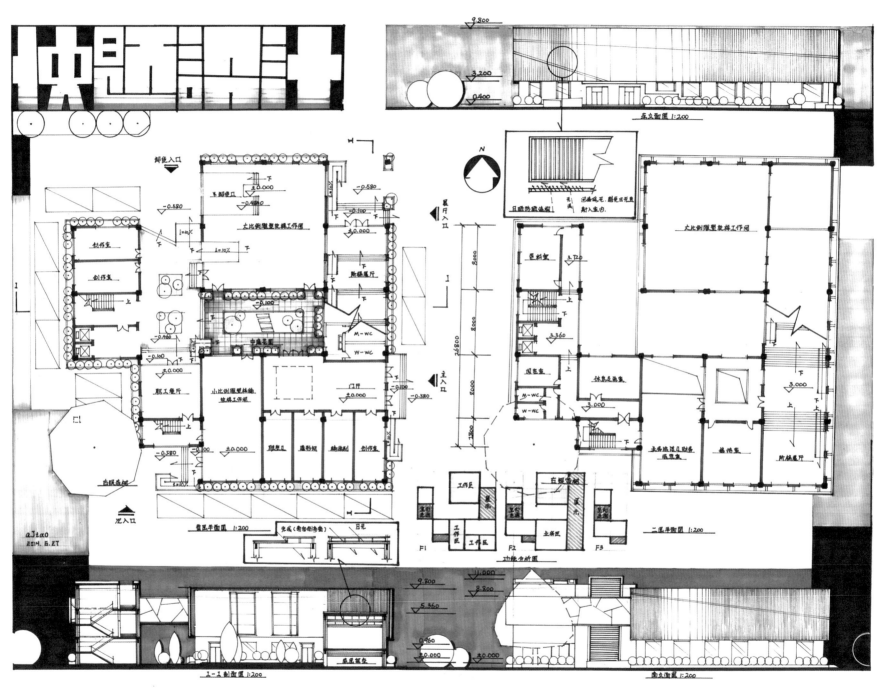

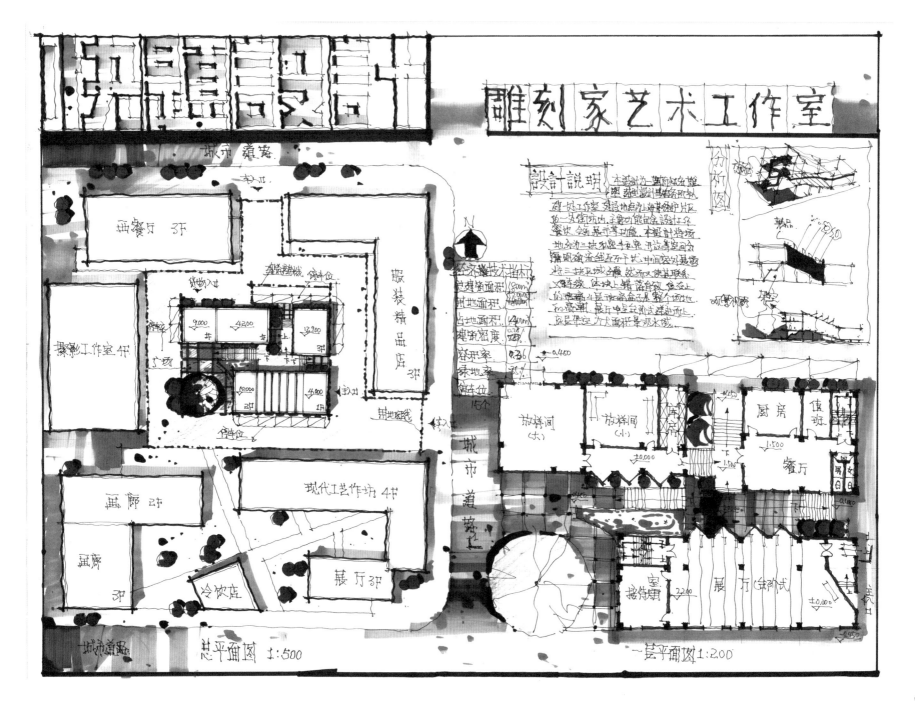

雕刻家艺术工作室

总平面图 1:500

一层平面图 1:200

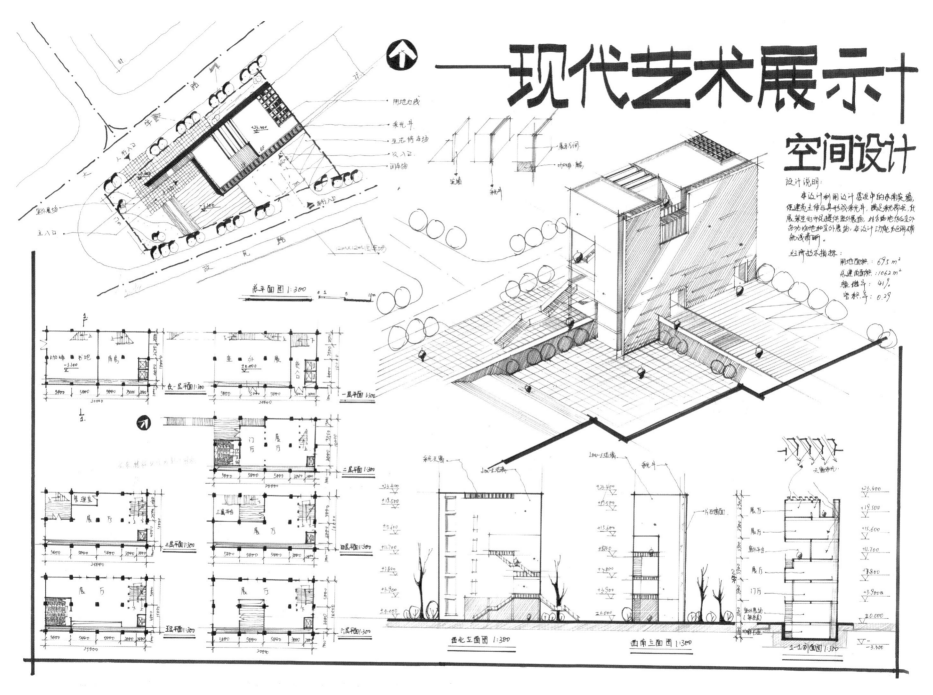

现代艺术展示中
空间设计

设计说明：

总平面图1:300

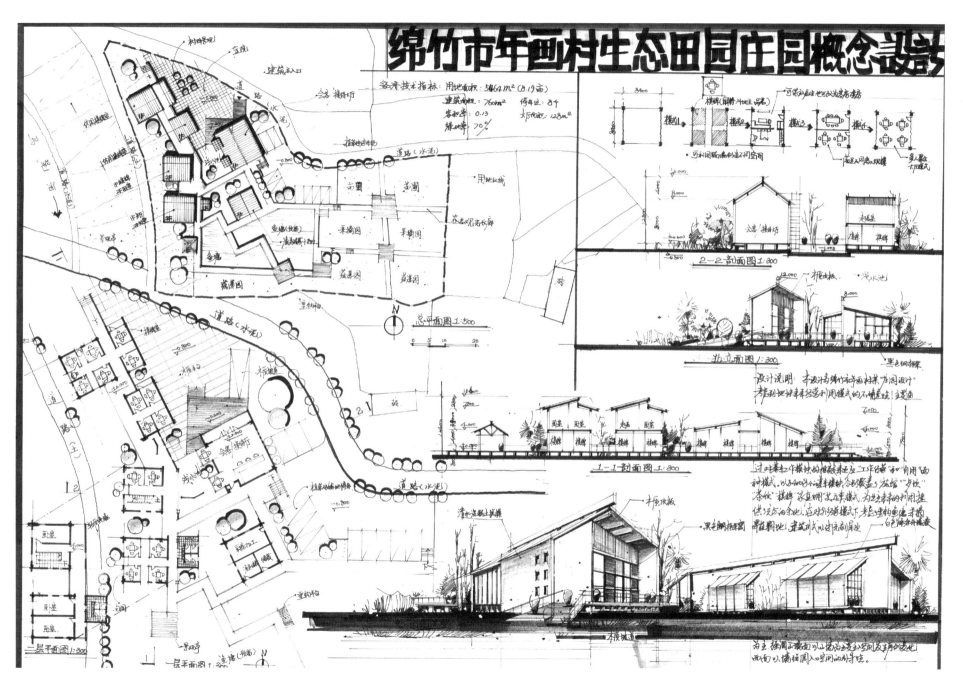

绵竹市年画村生态田园庄园概念设计

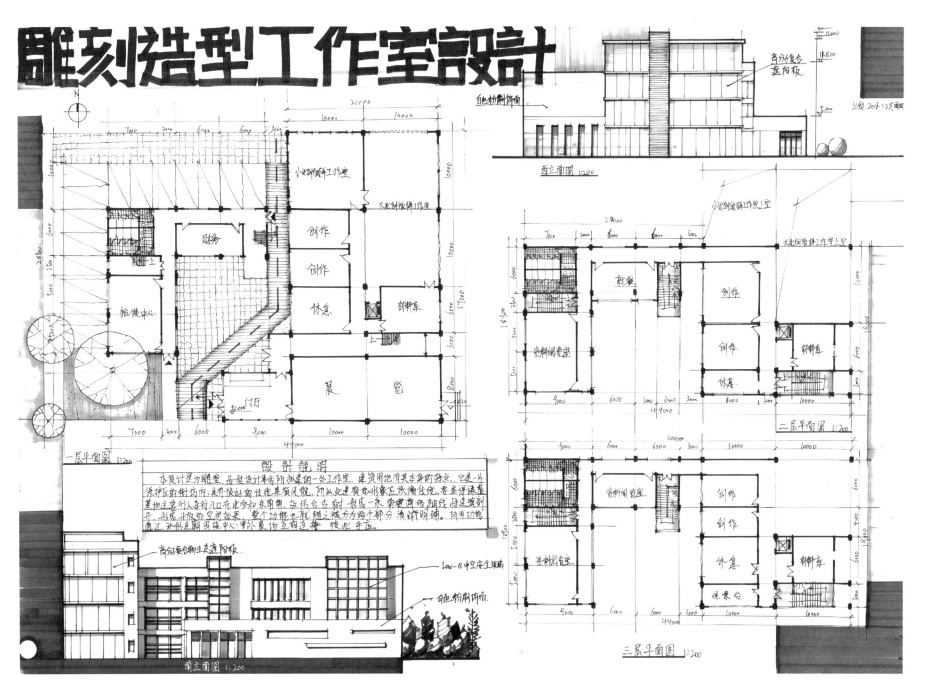

雕刻造型工作室設計

設 計 說 明

本设计是为雕塑、造型设计事务所拟建的一处工作室，建筑用地有基本的特点，它是一片保护区的街坊内，原有限制住宅是砖瓦房，所以火灾预告形象应该修备住宅，是呈评读真基地主要介入步行入口在北侧却来用曲，故结合古时报成一条前置面的轴线，将建筑到开，以活平坦的空间效果，整个功能也随之被分为两个部分清晰明确，所有功能面过补形在顾马统中心穿外景物互相连接、彼此牵连。

一层平面图 1:200

二层平面图 1:200

三层平面图 1:200

西立面图 1:200

南立面图 1:200

雕刻造型工作室設計

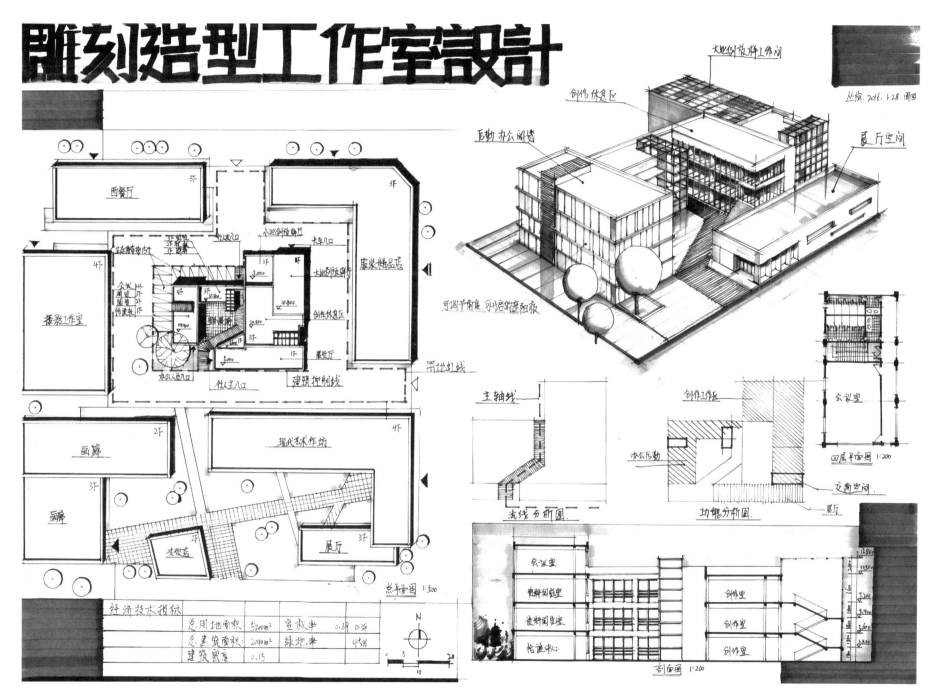

丛岚. 2016. 1.28. 周四

大以例放群工作间
创作休息区
流动办公阅览
展厅空间

可调节角度 另外层的遮阳板

西餐厅
摄影工作室
画廊
画廊
现代艺术作坊
咖啡店
展厅
服装精品店

总平面图 1:500

主轴线
流线分析图

创作工作区
办公流动
功能分析图
会议室
四层平面图 1:200
交通空间
展厅

会议室
资料阅览室
资料阅览室
休闲中心
创作室
创作室
创作室
剖面图 1:200

经济技术指标				
总用地面积	5200m²	容积率	0.39	0.35
总建筑面积	2040m²	绿地率	45%	
建筑密度	0.15			

N

107

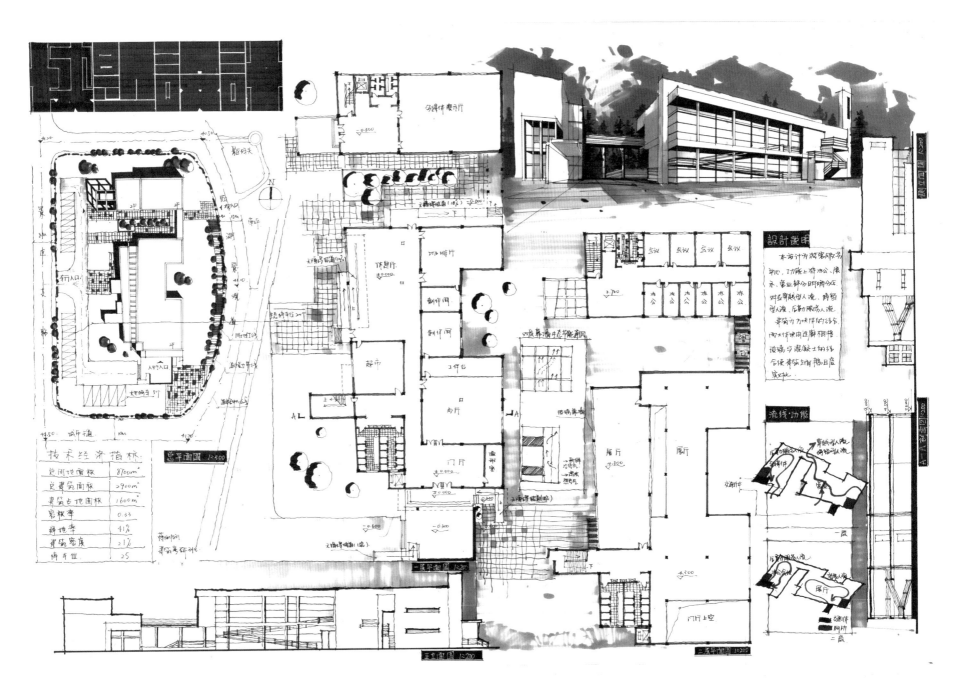

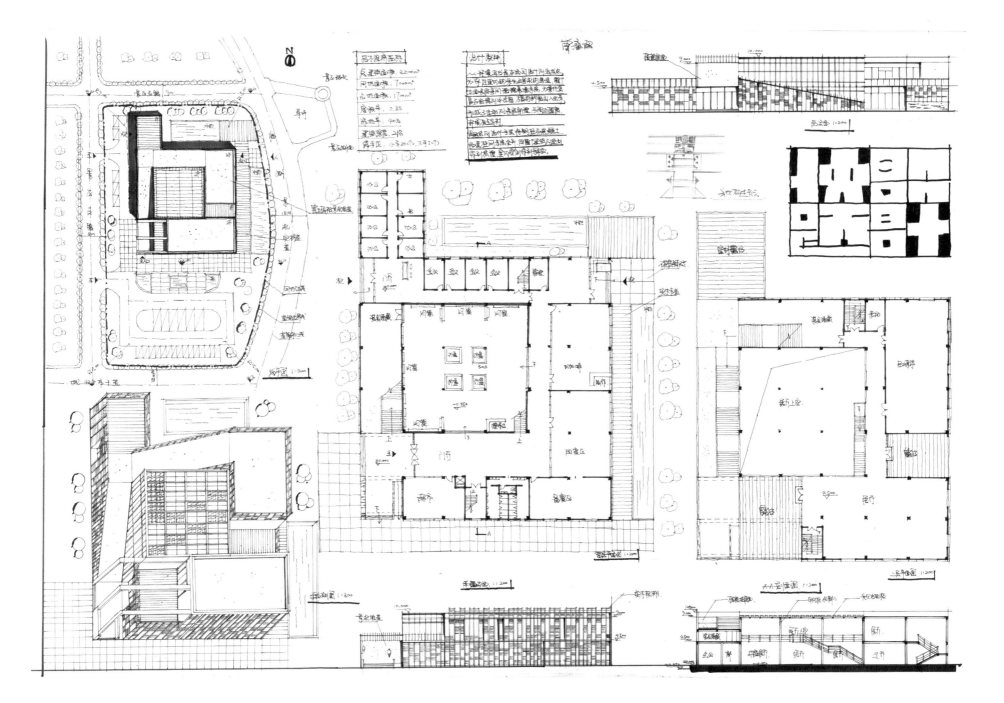

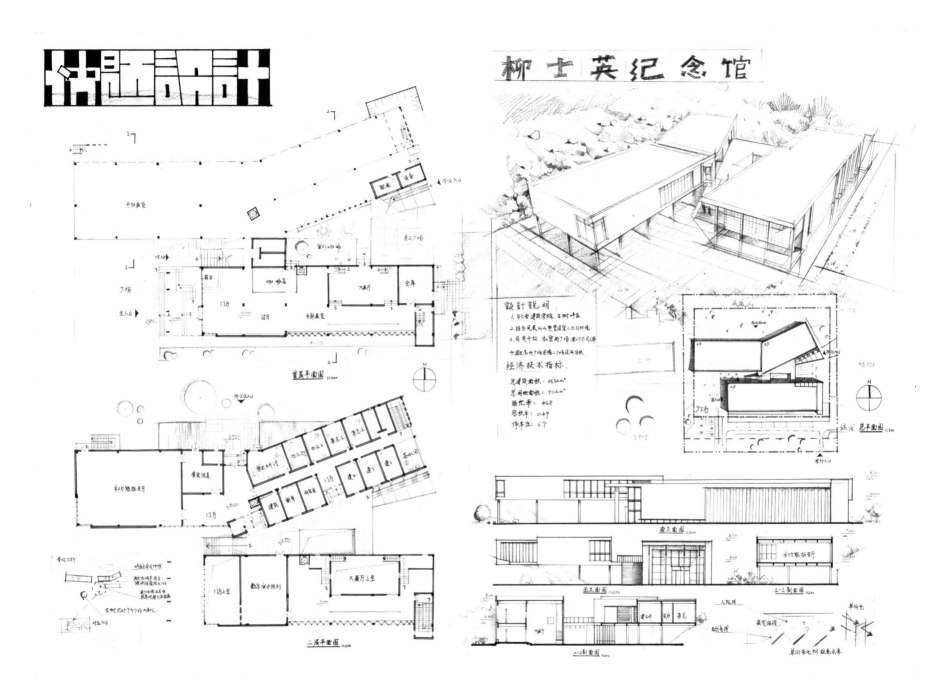

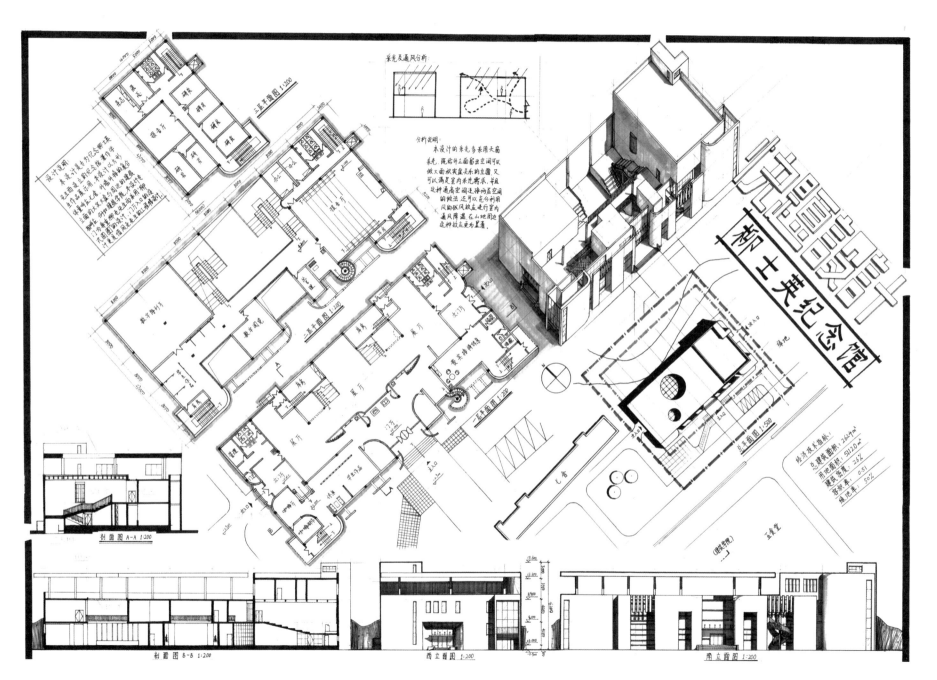

采光及通风分析

分析说明：
本设计的采光多采用天窗
采光，陡坡井立面窗出空间可以
做大面积实墙关系的立面 又
可以满足室内采光需求，并且
这种通高空间连接两层空间
的做法 还可以充分利用
风的抽风致左进行室内
通风降温。在山地周边
这种效左更为显着。

设计说明
本设计是专为纪念馆工来
立面设置纪念指事件的
生作品展示用，本设计以外的
生作体建立在考 非设计以外的
立面的以关亲亲合同屋持续的
触在 并门种建陈建空间 本设计山用
不得陈馆用老生山印采用所的
不过直接用展左山进入的部待续

烈士陈纪念馆

剖面图 A-A 1:200

剖面图 B-B 1:200

西立面图 1:200

南立面图 1:200

经济技术指标：
总建筑面积：5120m²
用地面积：5120 m²
建筑密度：28%
容积率：0.51
绿化率：50%

总平面图 1:500

三层平面图 1:200

二层平面图 1:200

一层平面图 1:200

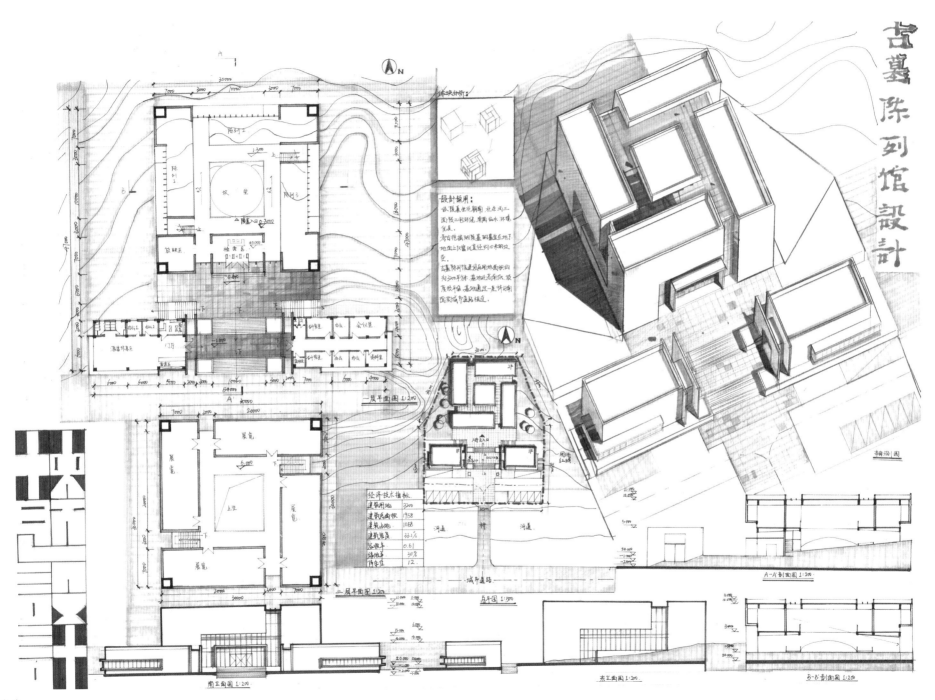

古墓陈列馆设计

一层平面图 1:200

二层平面图 1:200

总平面图 1:300

A-A'剖面图 1:200

B-B'剖面图 1:200

南立面图 1:200

东立面图 1:200

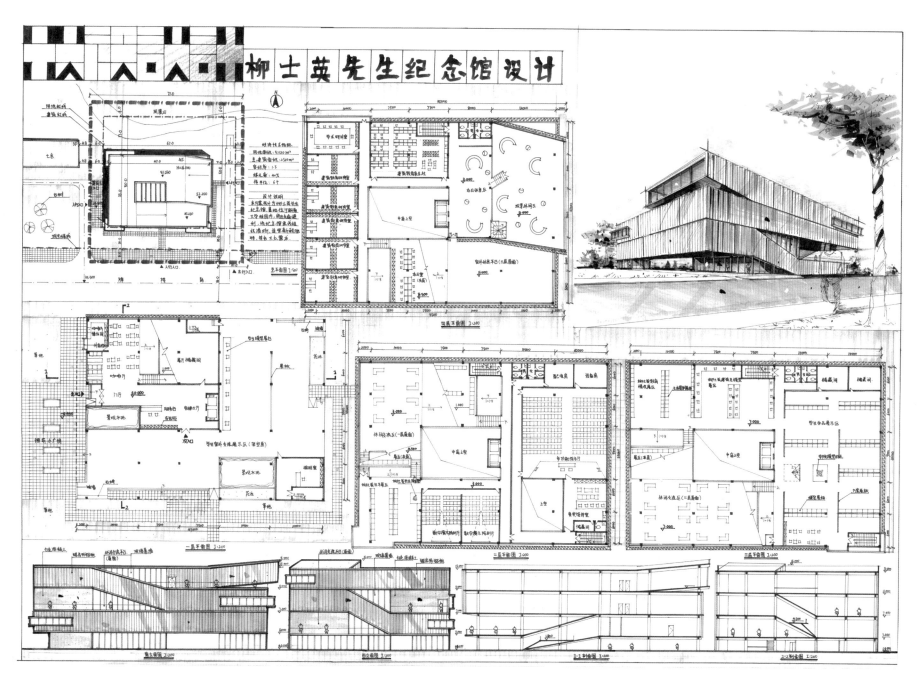

柳士英先生纪念馆设计

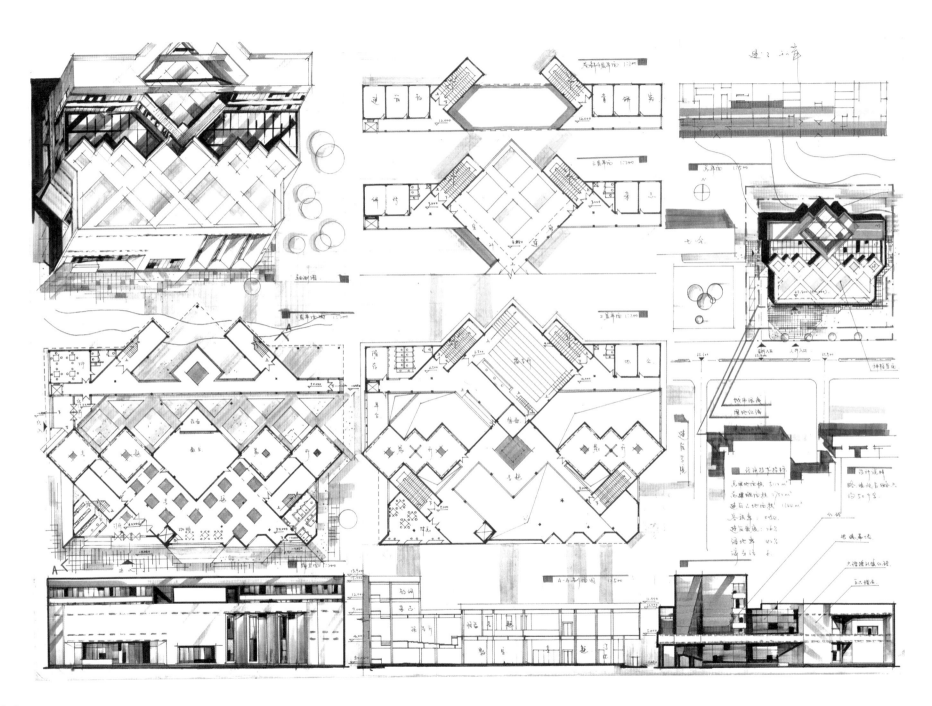

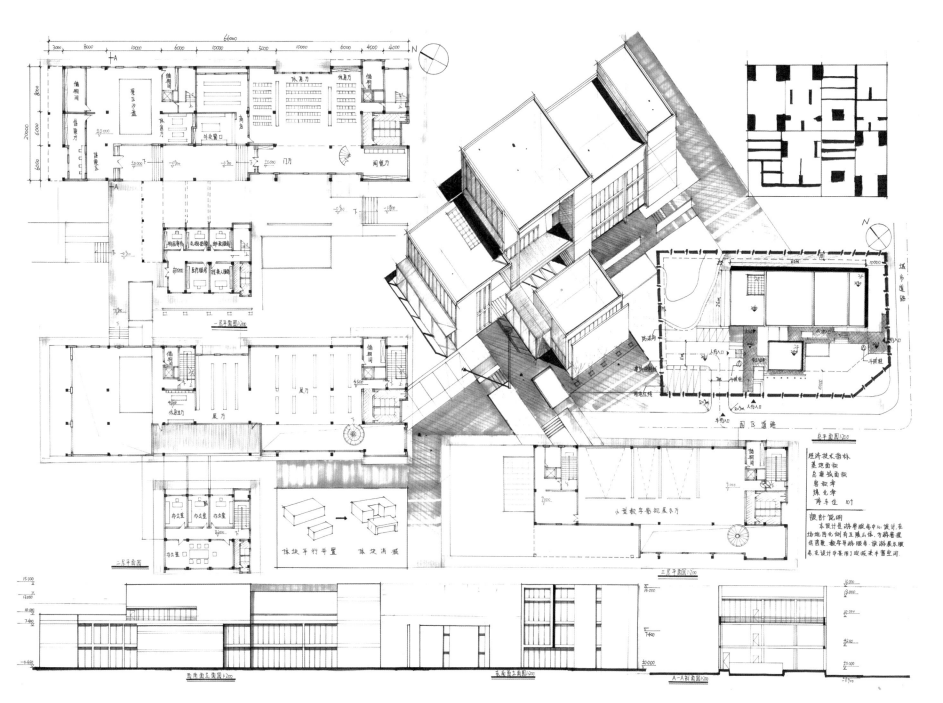

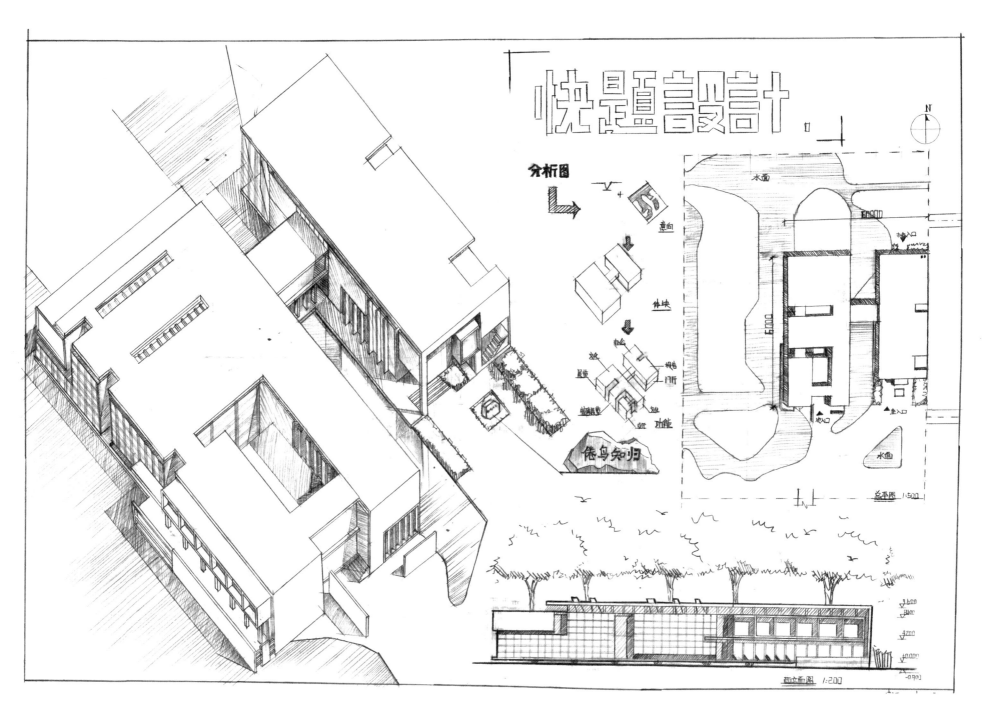

快题設計

分析图

意向

体块

功能

倦鸟知归

水面

总入口

次入口

主入口

水面

总平面图 1:500

西立面图 1:200

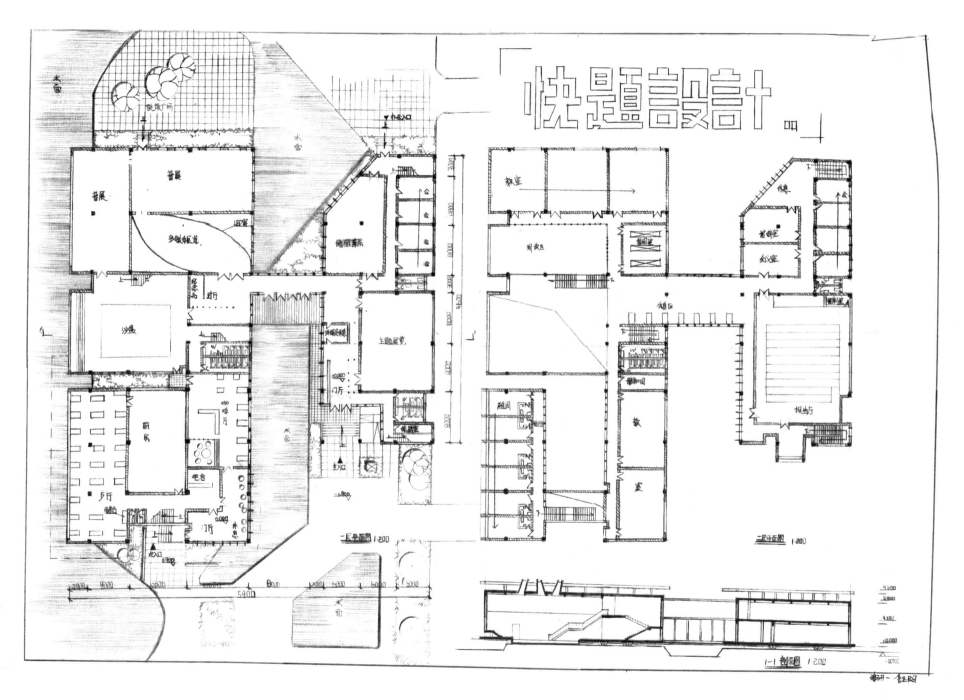

快題設計

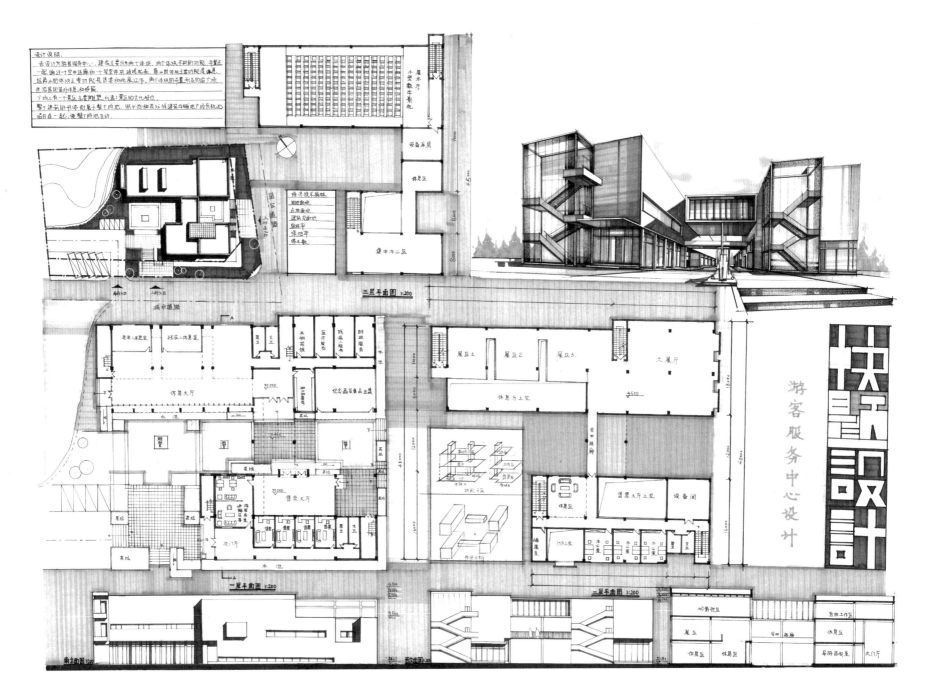

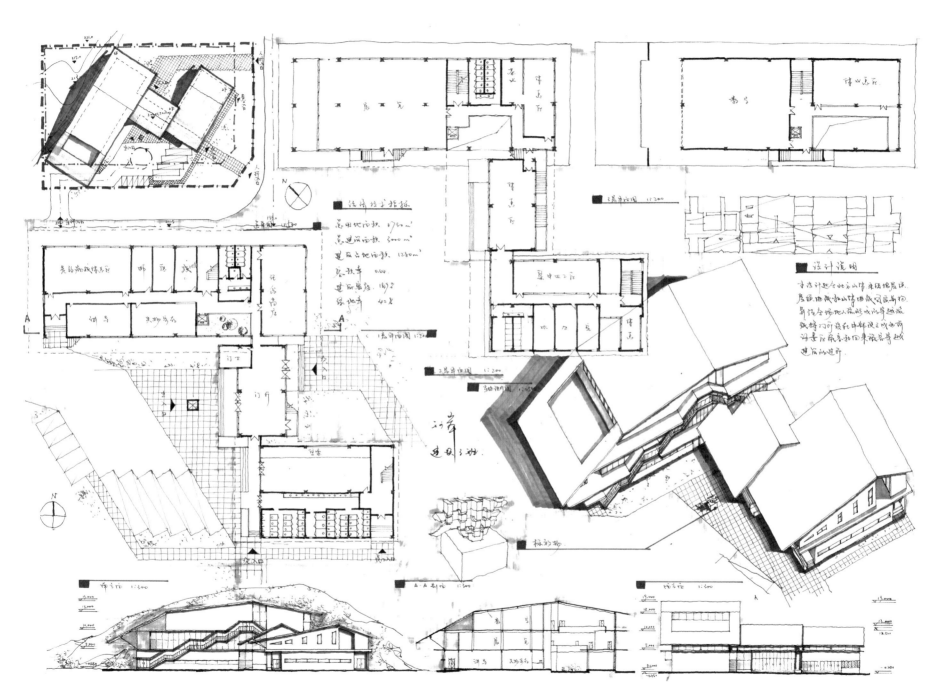

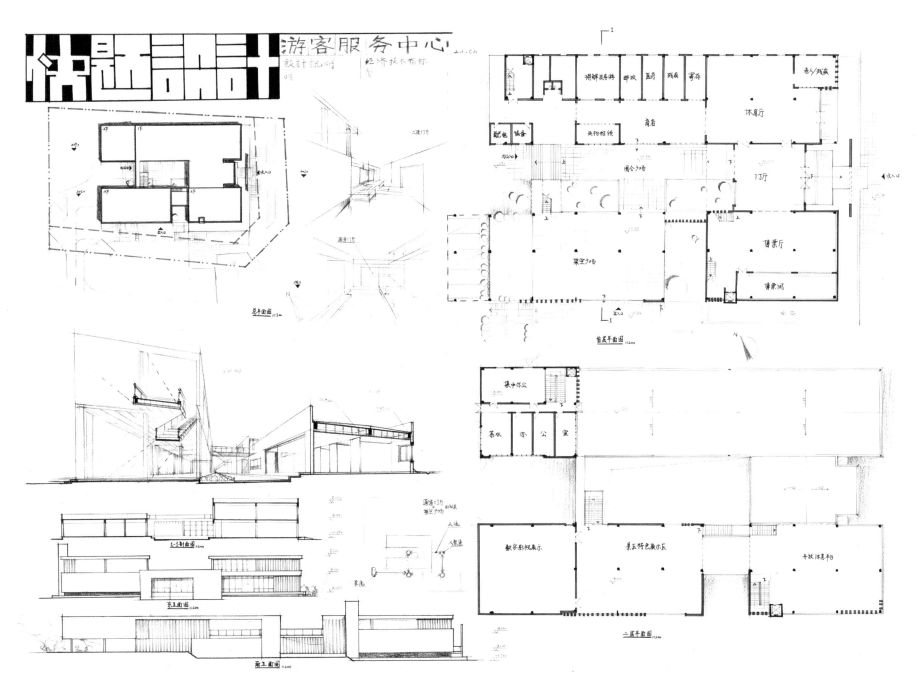

快题设计 游客服务中心

设计说明
经济技术指标

总平面图
首层平面图
二层平面图

1-1剖面图
东立面图
南立面图

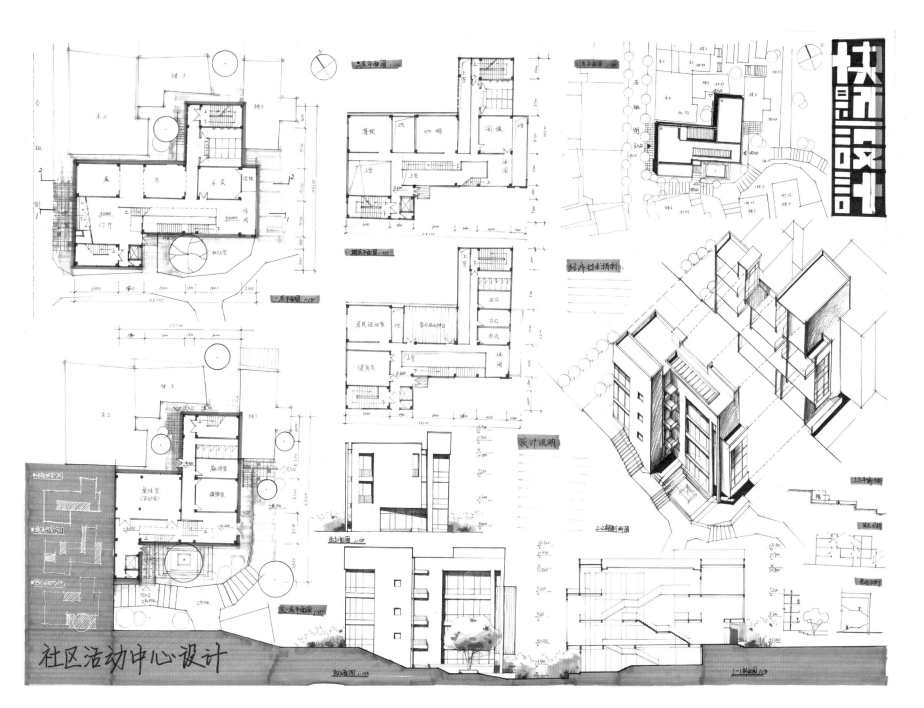

社区活动中心设计

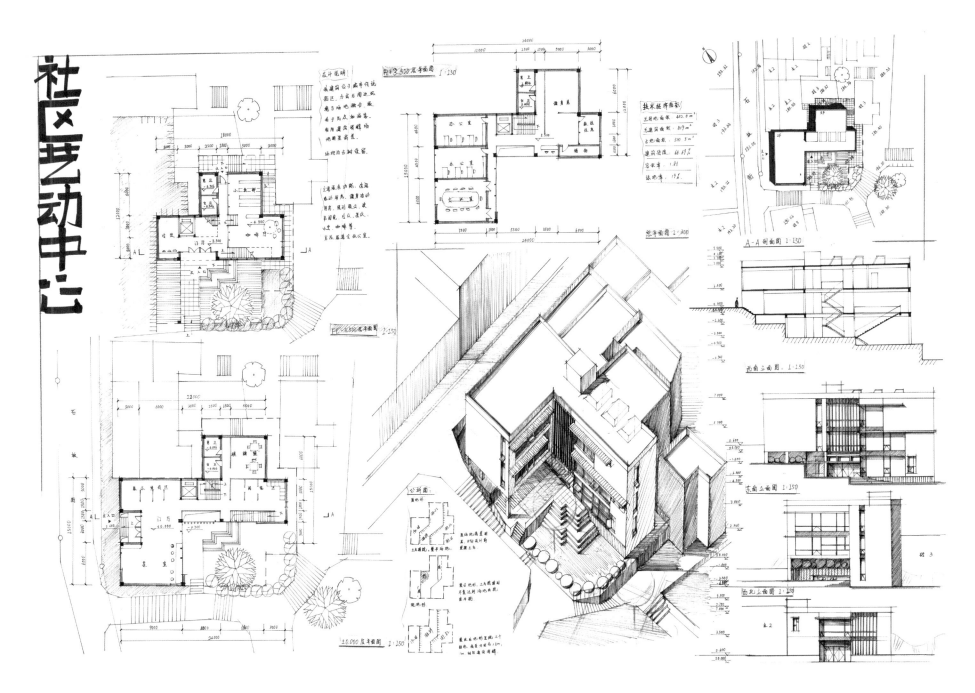

社区艺动中心

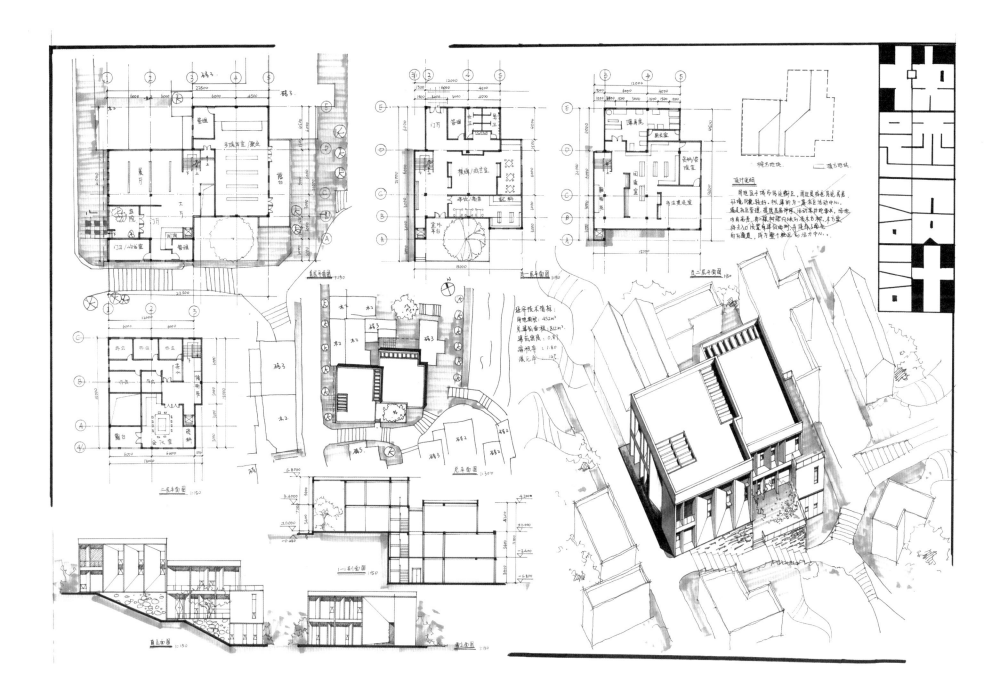

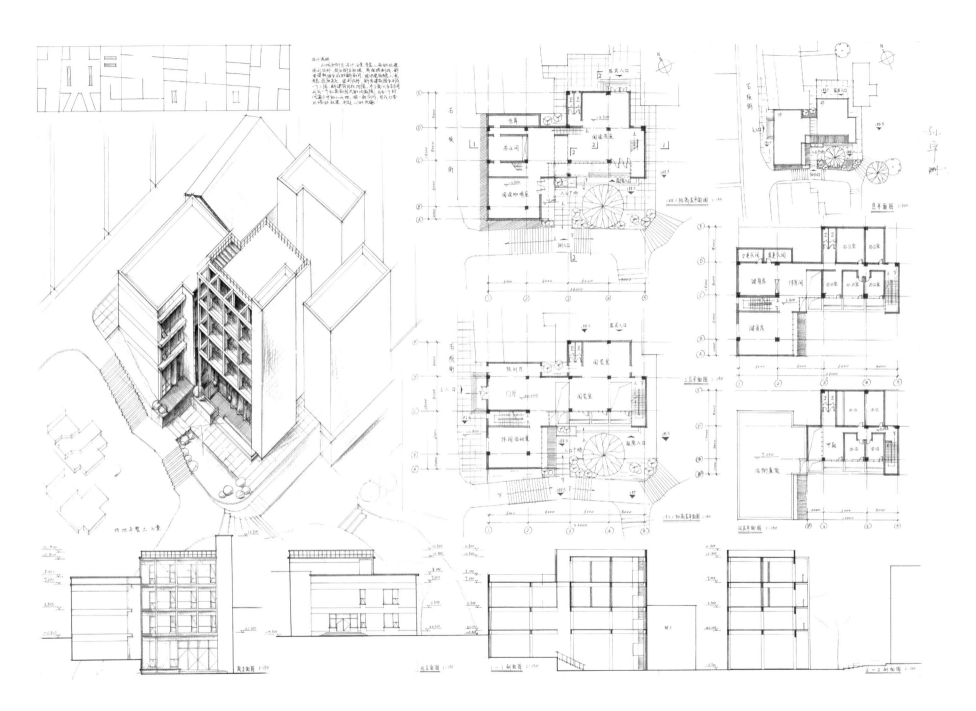

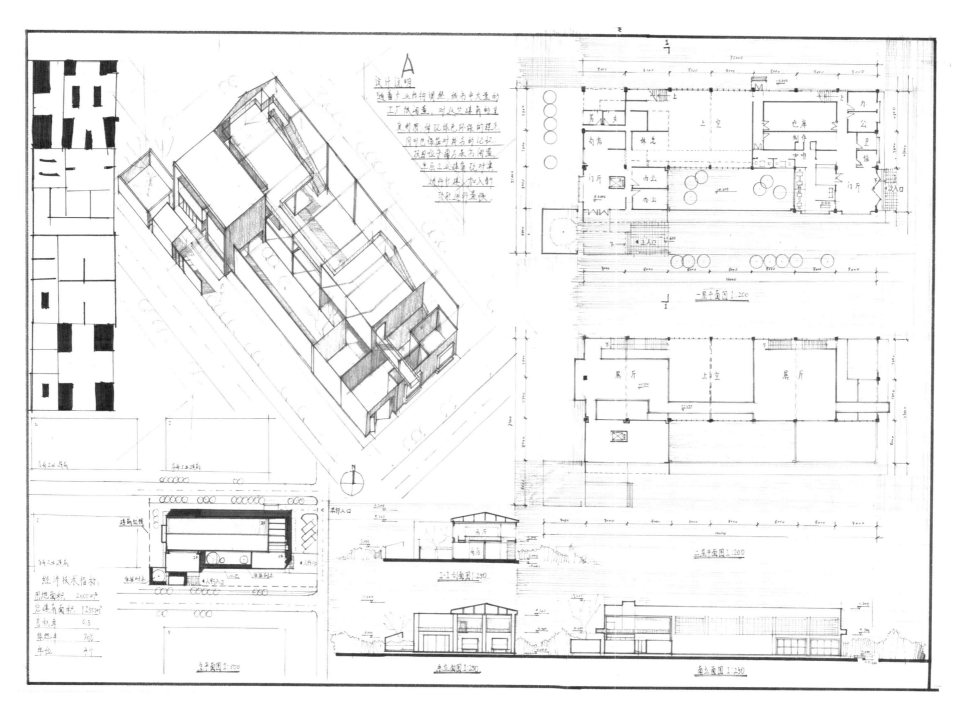

设计说明 A
随着工业的快速发展，城市中大量的
工厂停滞荒废，对这些建筑的重
复利用，并记录保色环保的理念
用现代保留对待方的记忆，
采用将旧房子本为布闲置
让旧工业建筑故叶焕
进行扩建，加入新
功能进行置换

经济技术指标:
用地面积: 2000m²
总建筑面积: 1250m²
容积率: 0.3
绿化率: 30%
车位: 4个

一层平面图 1:200

二层平面图 1:200

1-1剖面图 1:250

总平面图 1:500

东立面图 1:250

南立面图 1:250

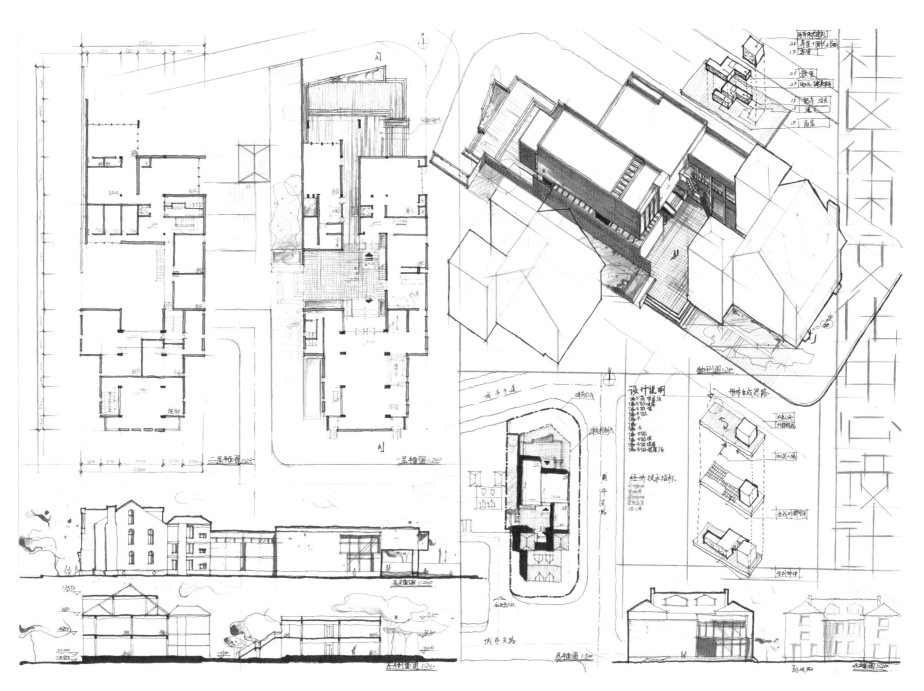

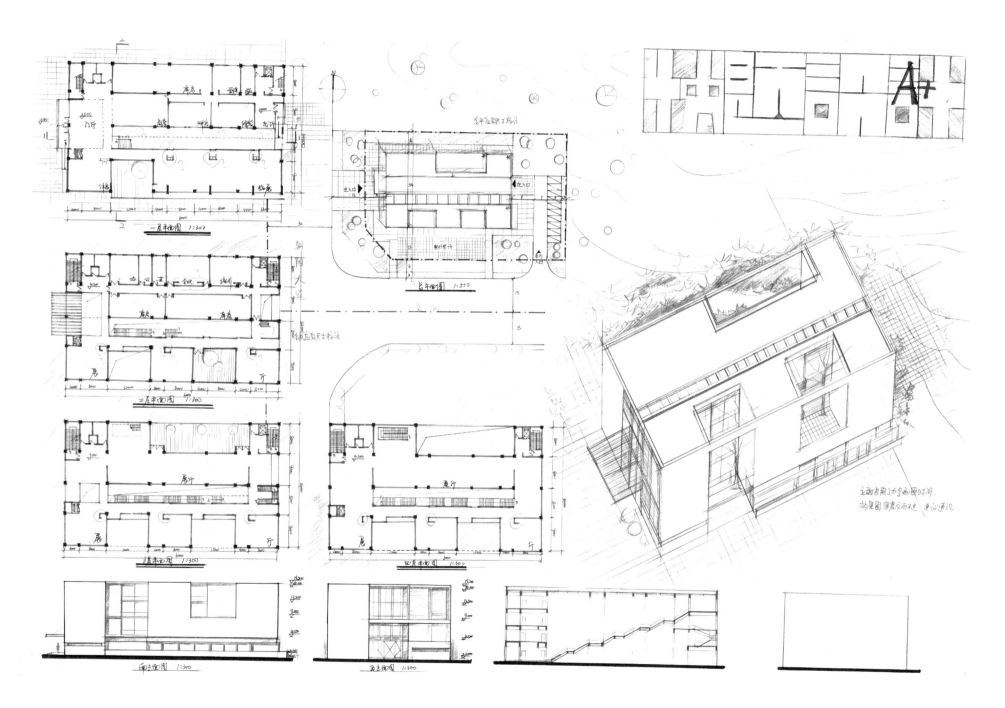

一层平面图 1:300

二层平面图 1:300

三层平面图 1:300

四层平面图 1:300

总平面图 1:300

南立面图 1:300

西立面图 1:300

A+

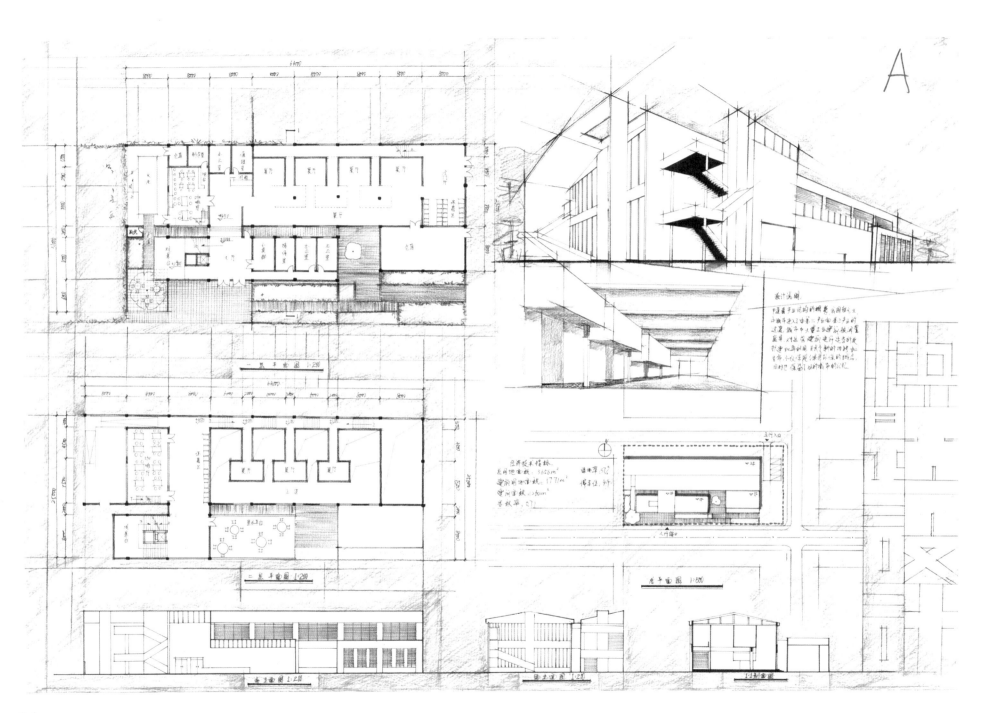

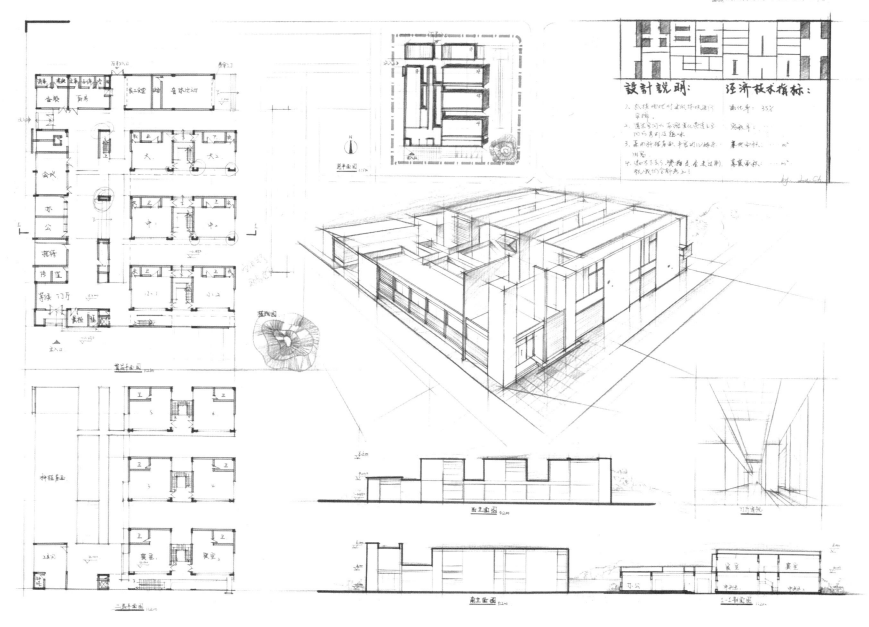

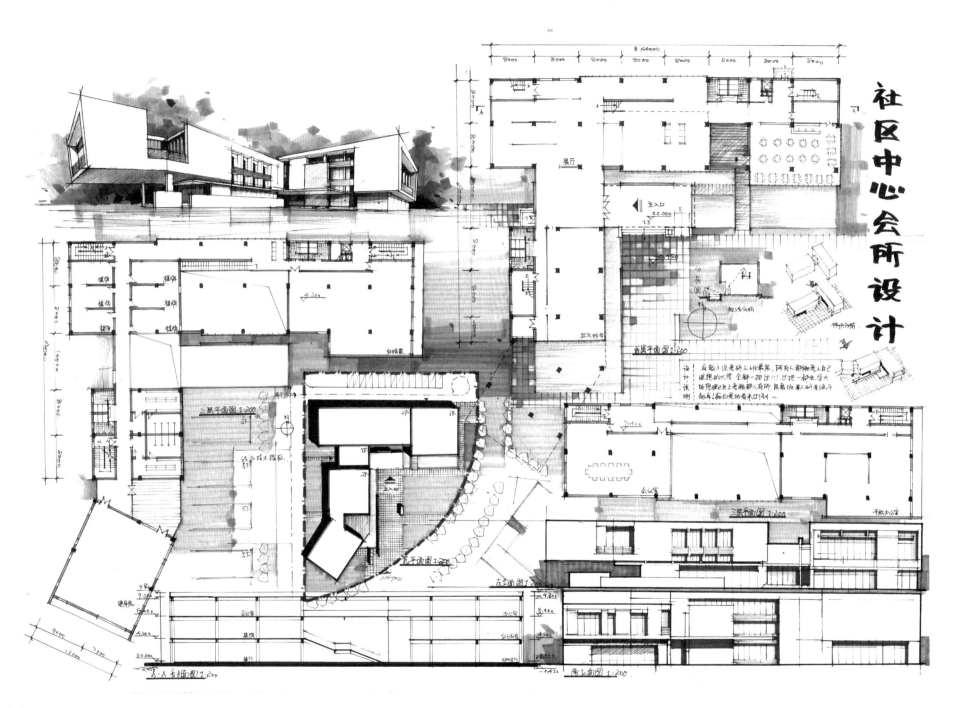

社区中心会所设计

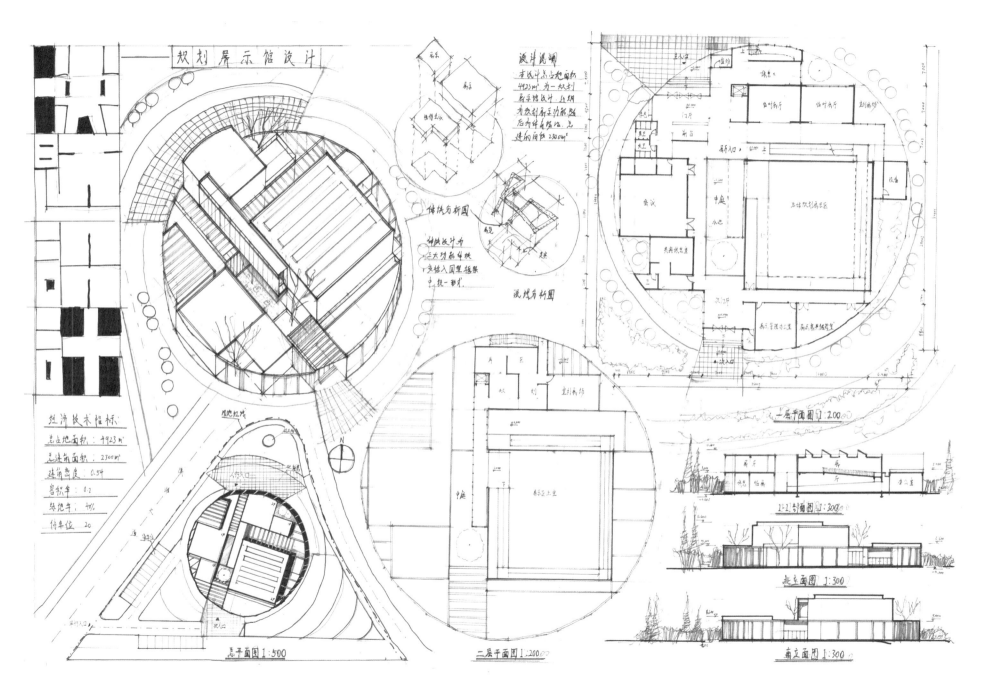

规划展示馆设计

SOHO艺术家工作室设计

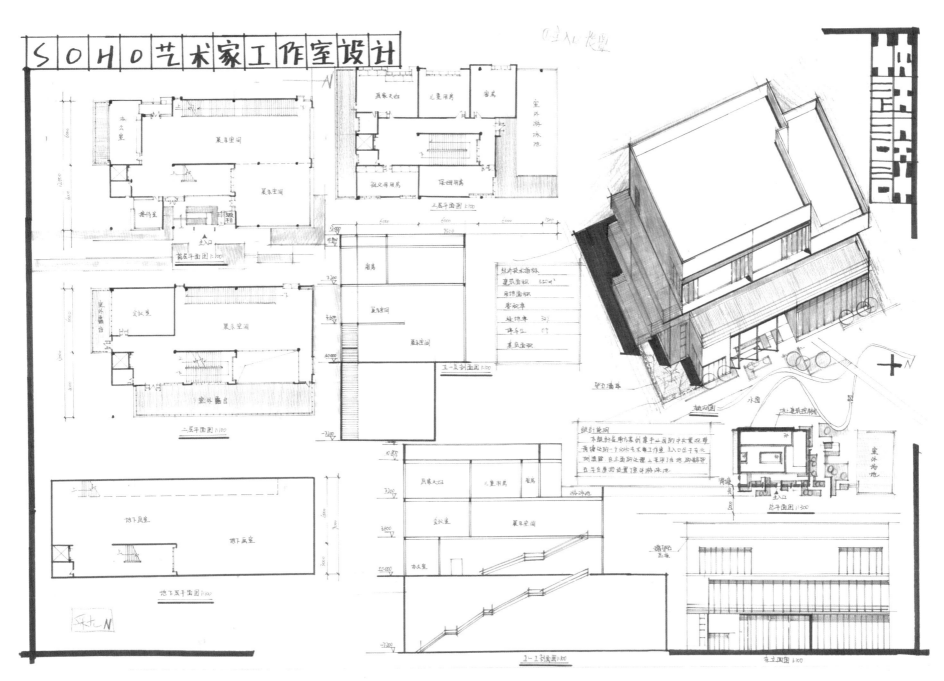

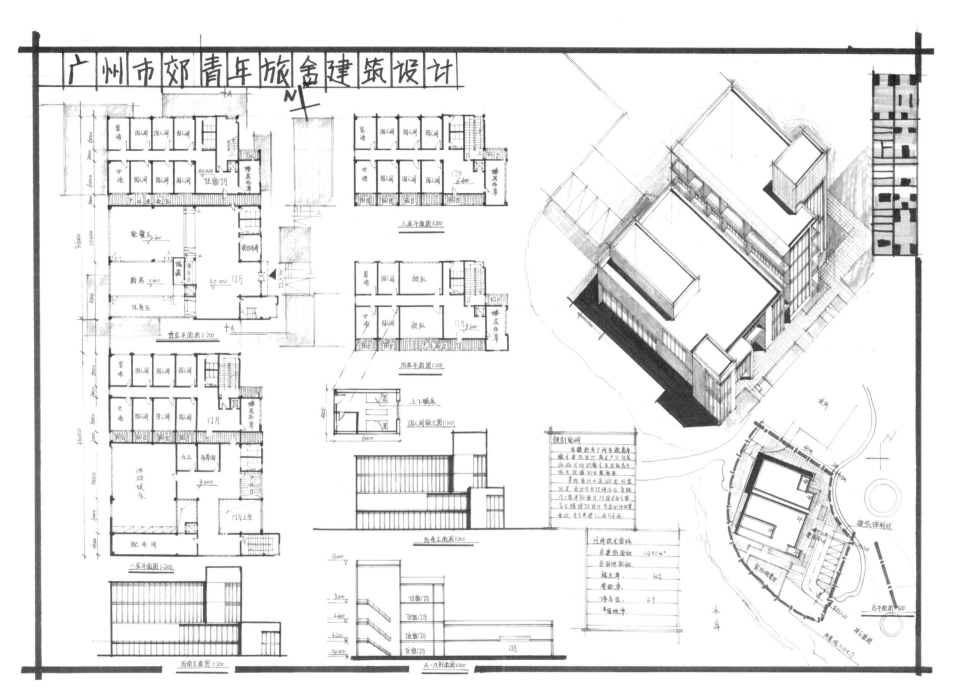

广州市郊青年旅舍建筑设计

四人间放大图图1:100

三层平面图图1:200

四层平面图图1:200

首层平面图图1:200

二层平面图图1:200

西南立面图图1:200

西南立面图图1:200

A-A剖面图图1:100

总平面图图1:500

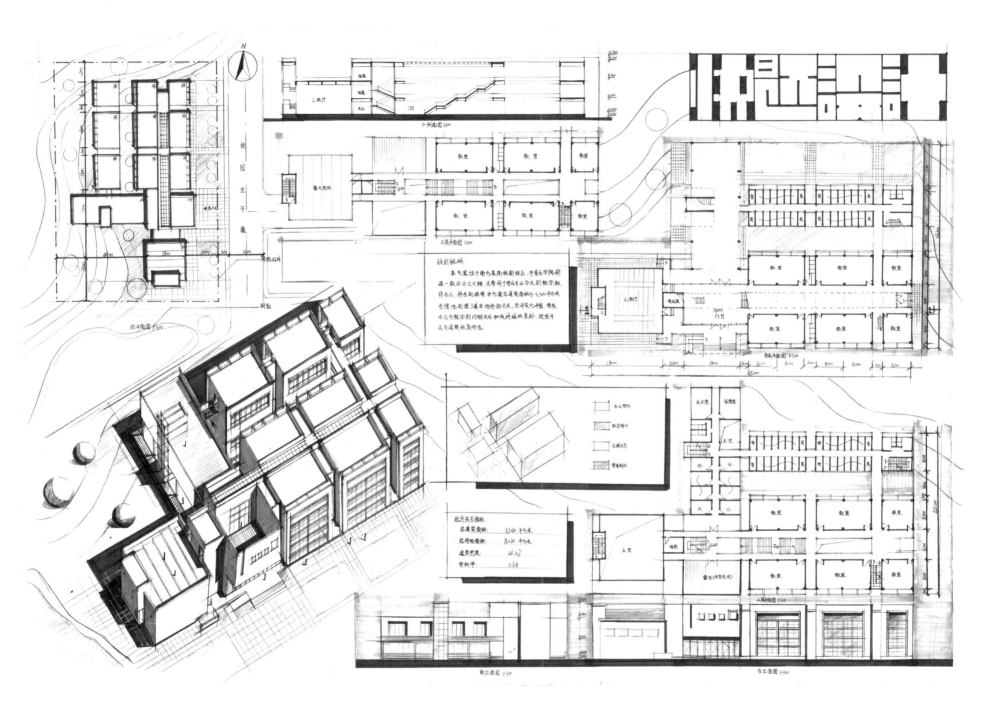

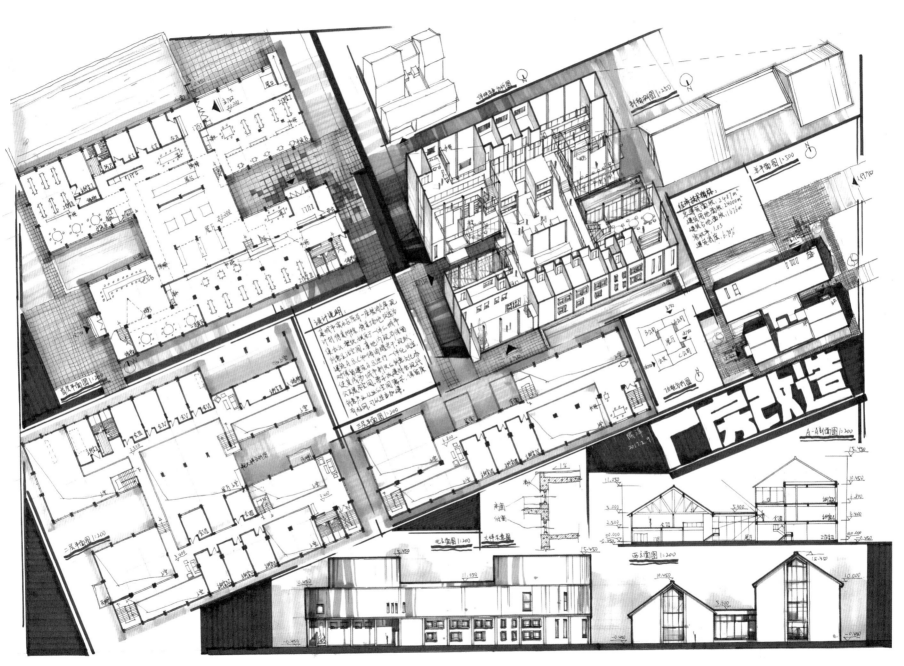

厂房改造

A-A剖面图 1:200

西立面图 1:200

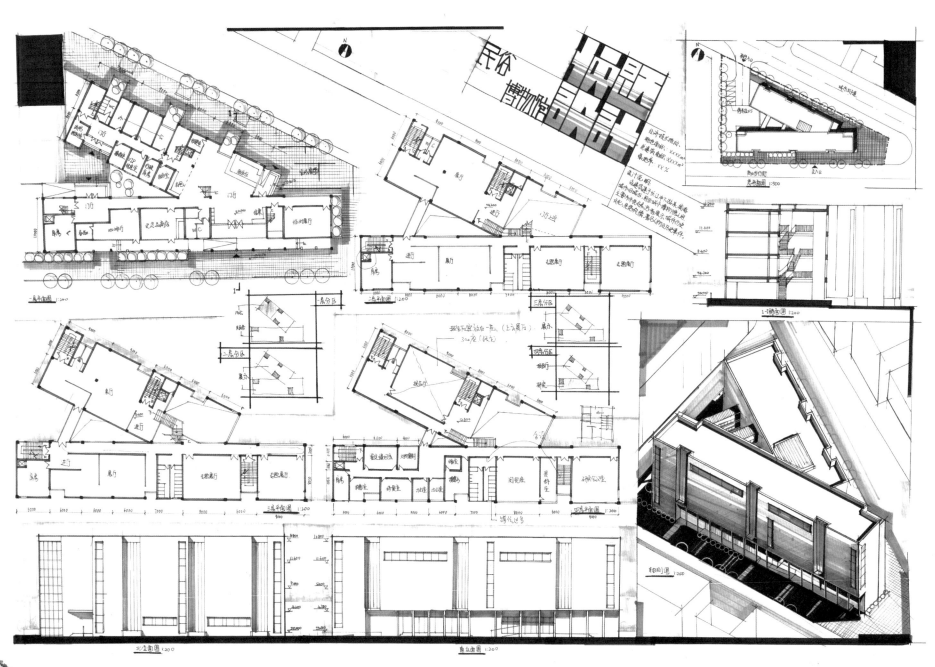

民俗博物馆

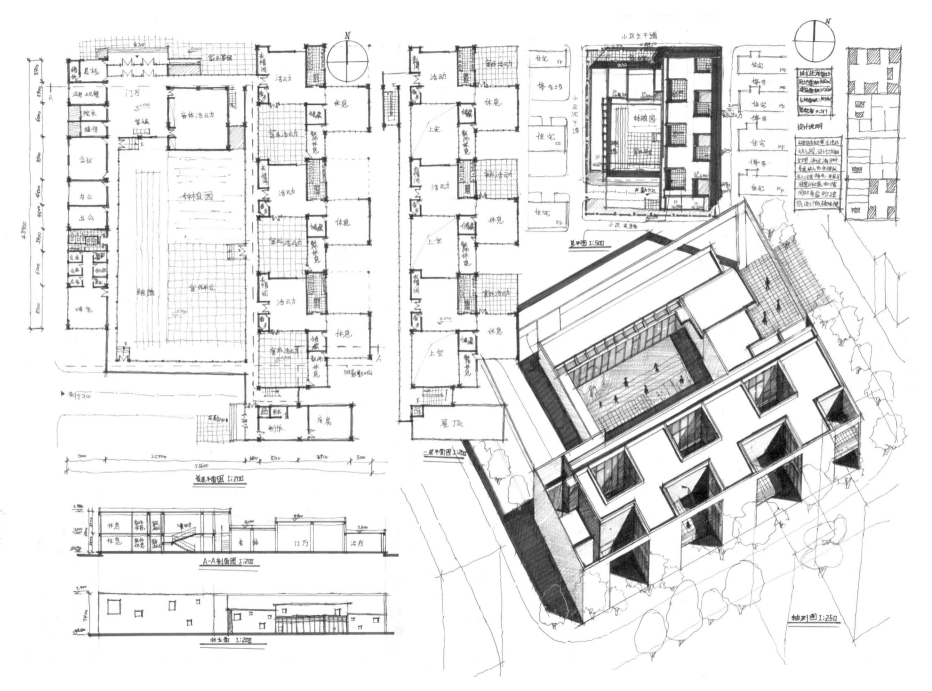

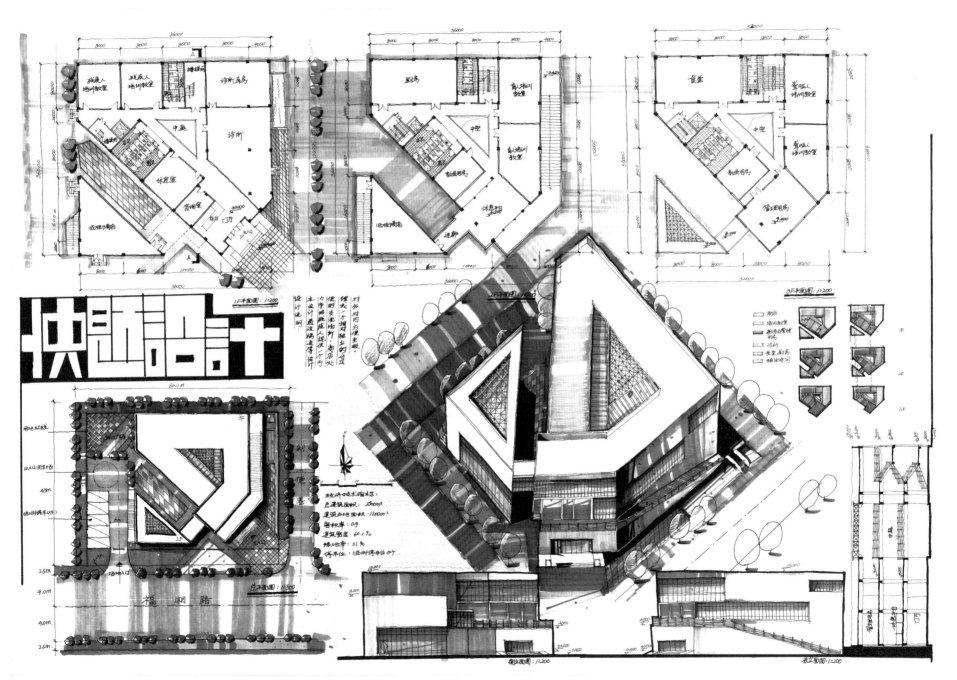

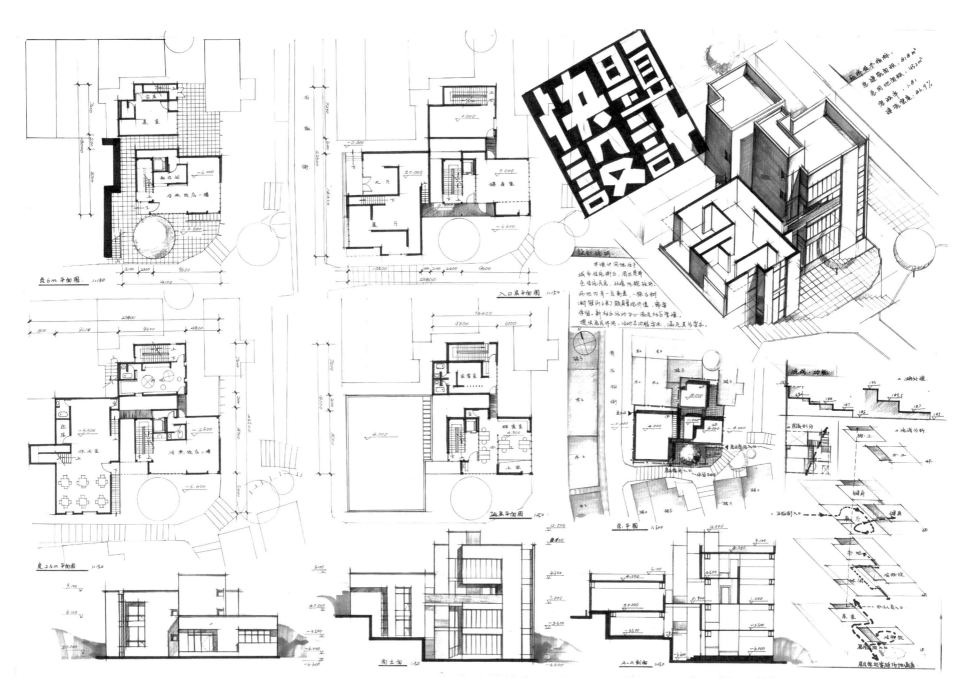

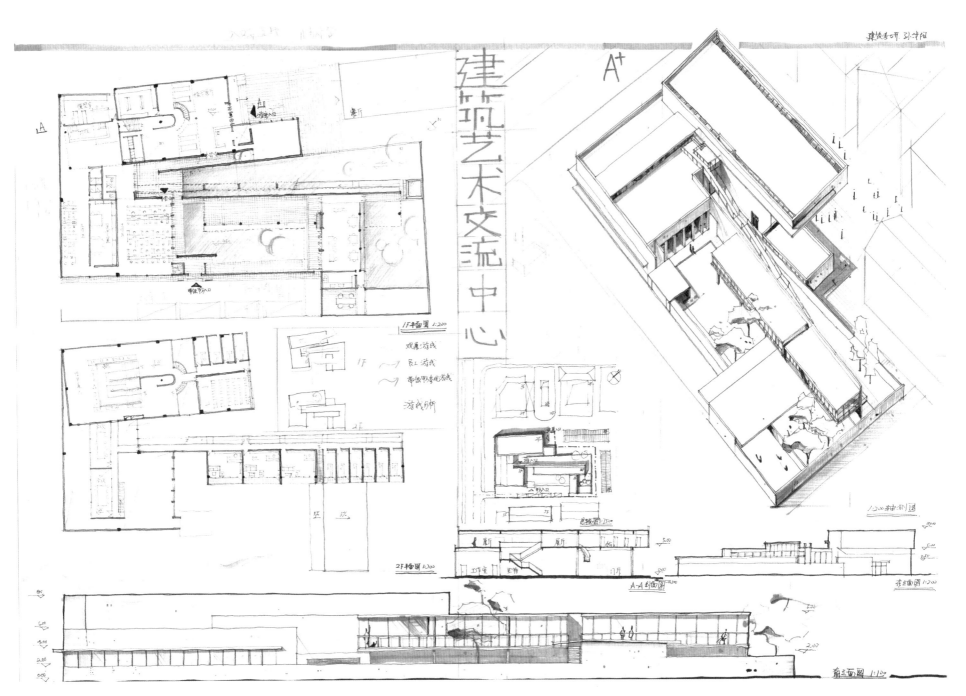

建筑艺术交流中心

A+

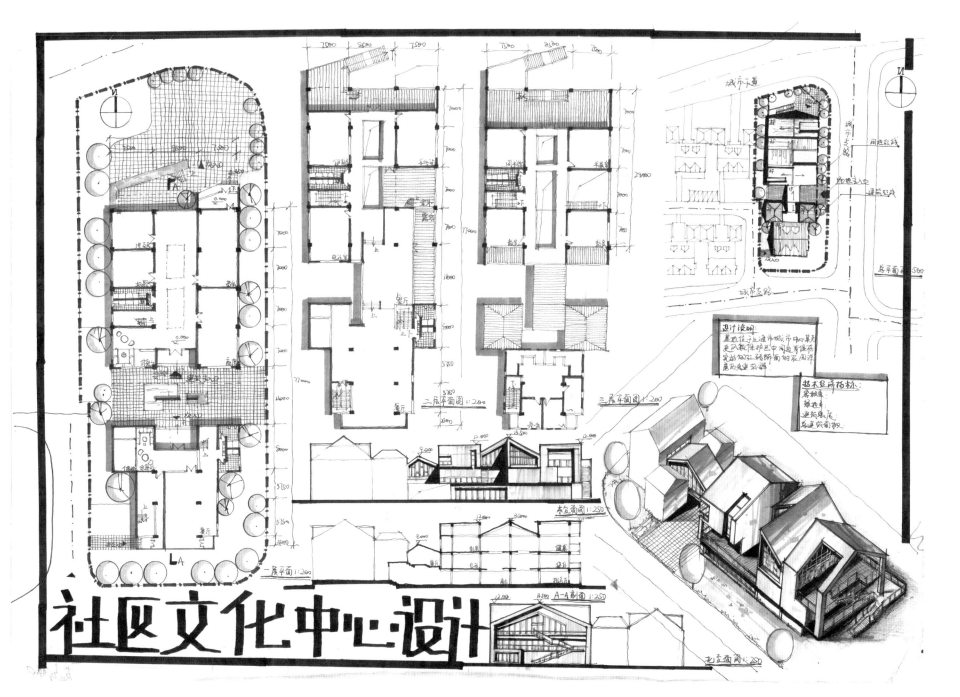

社区文化中心设计

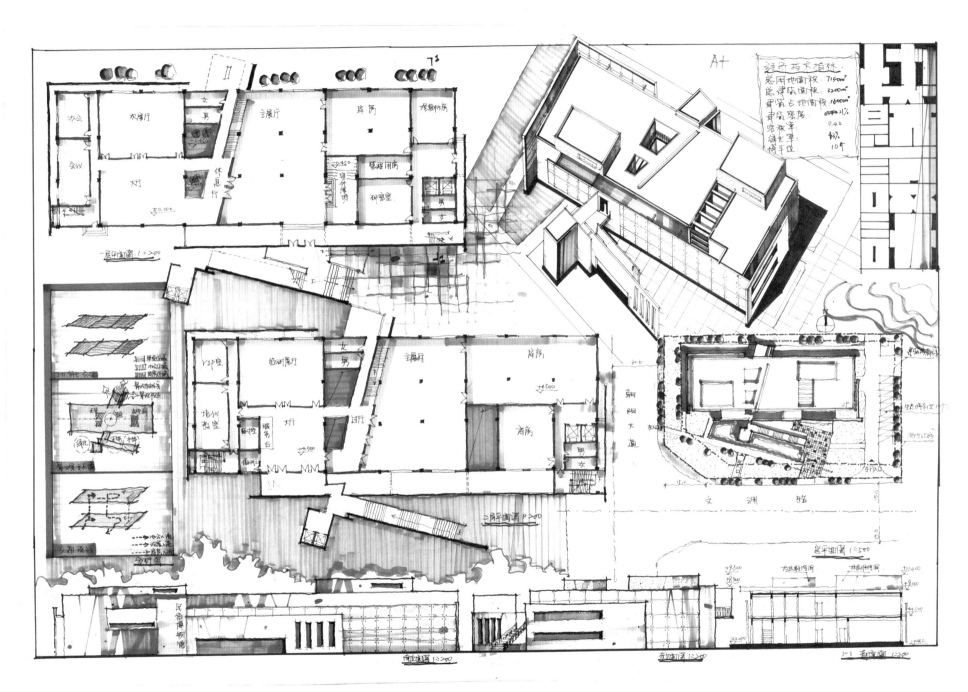

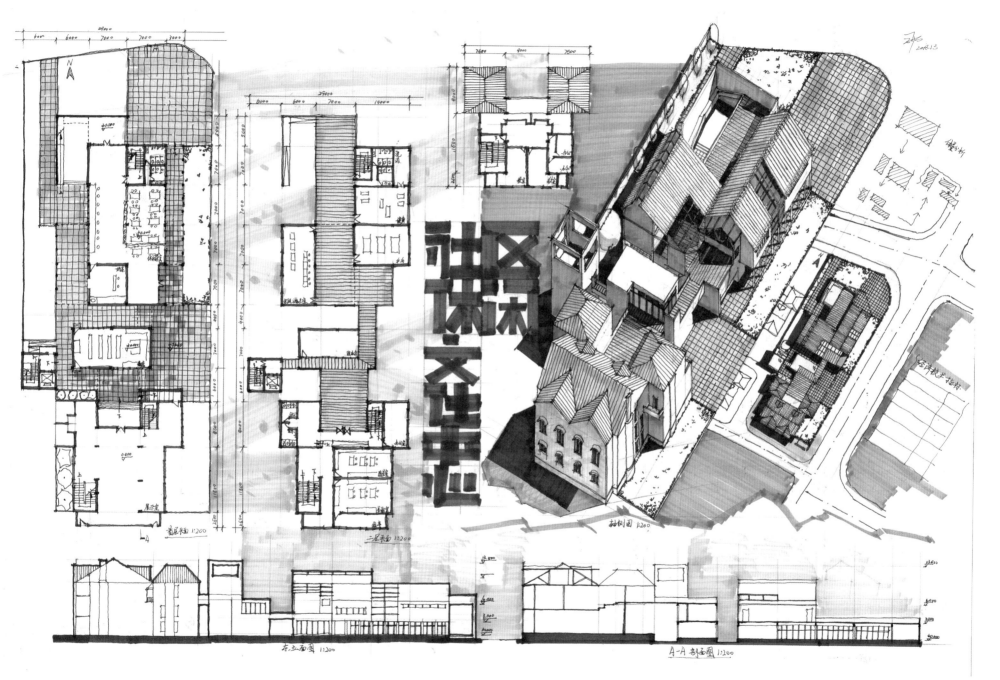

首层平面 1:200

二层平面 1:200

轴测图 1:200

东立面图 1:200

A-A剖面图 1:200

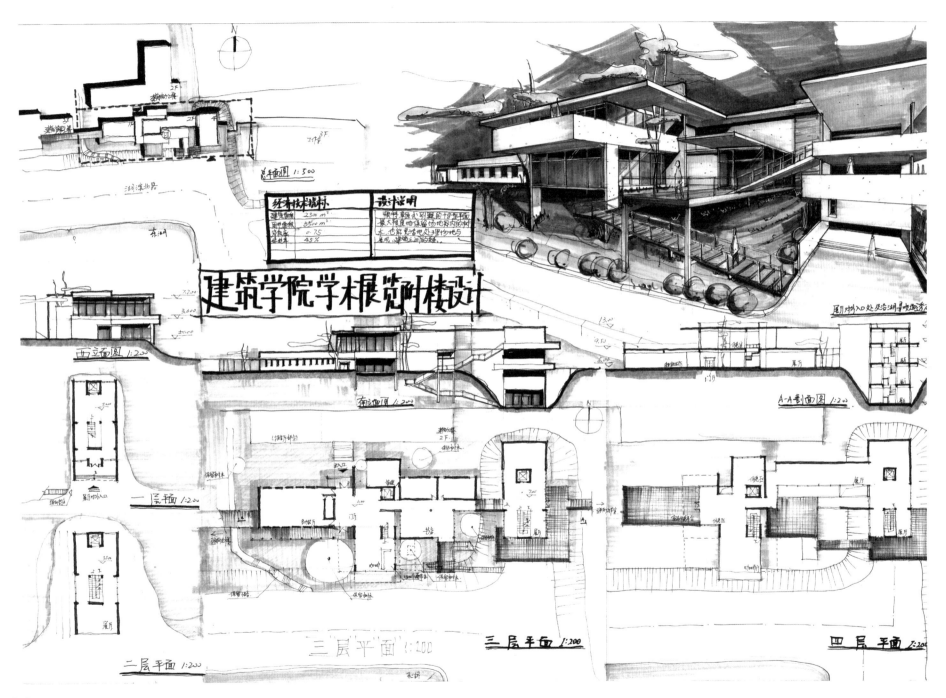

建筑学院学术展览附楼设计

总平面图 1:500

西立面图 1:200

南立面图 1:200

A-A剖面图 1:200

一层平面 1:200

二层平面 1:200

三层平面 1:400

三层平面 1:200

四层平面 1:200

经济技术指标		设计说明
建筑面积	2300 m²	
用地面积	3500 m²	
容积率	0.75	
绿地率	45%	

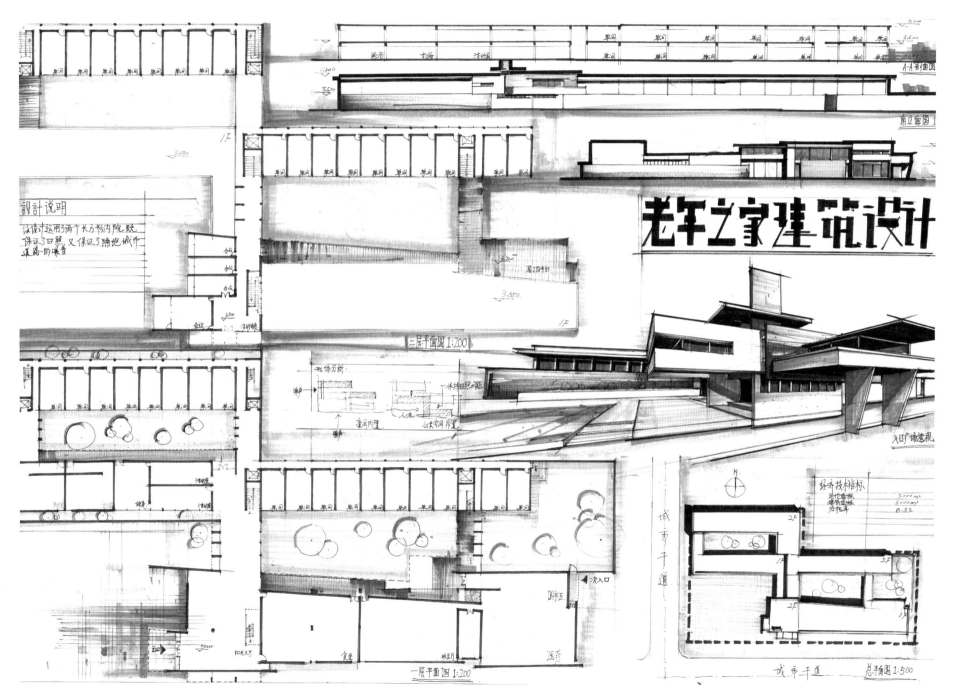

設計说明
本设计运用3两个长方形内院既
保证3日照又保证3隔绝城市
道路的噪音

單间 單间 單间 單间 單间 單间 單间 單间

A-A剖面图

前立面图

三层平面图1:200

形体见析

保持日照面积

查間内置

人流

公共空间外置

入口广场透视

老年之家建筑设计

設計说明

合议

活动室

1F

3.550

居丁顶平计

1F

單间 單间 單间 單间 單间 單间 單间 單间

活动室

健身

活动室

活动室

單间 單间 單间 單间 單间 單间 單间 單间

次入口

厨

医疗

一层平面图1:200

城市干道

城市干道

经济技术指标

用地面积   5000 m²
建筑面积   3000 m²
容积率   0.53

2F

2F

2F

总平面图1:500

N

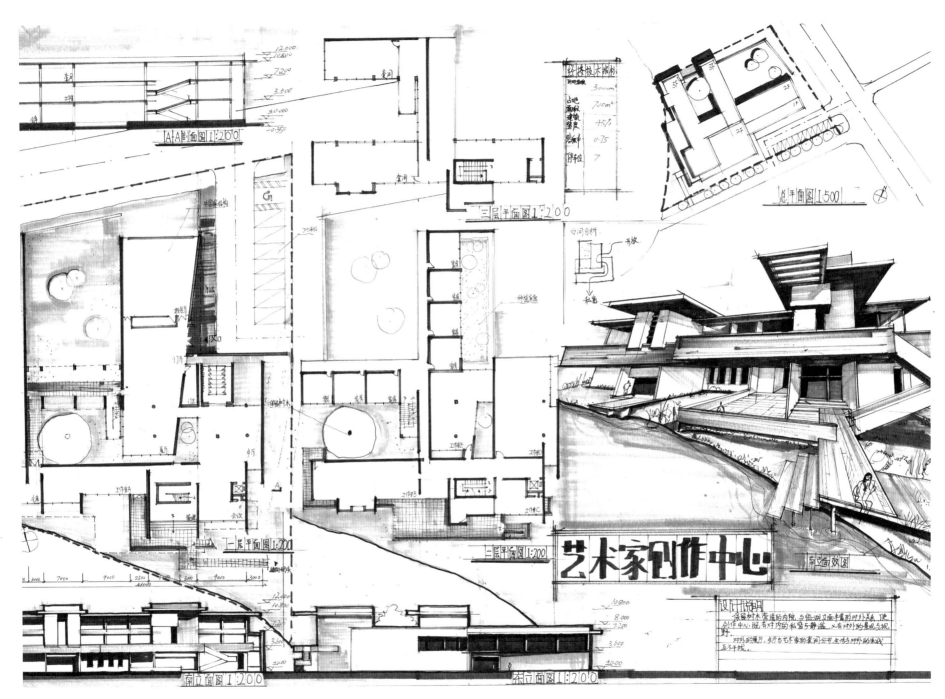

艺术家创作中心

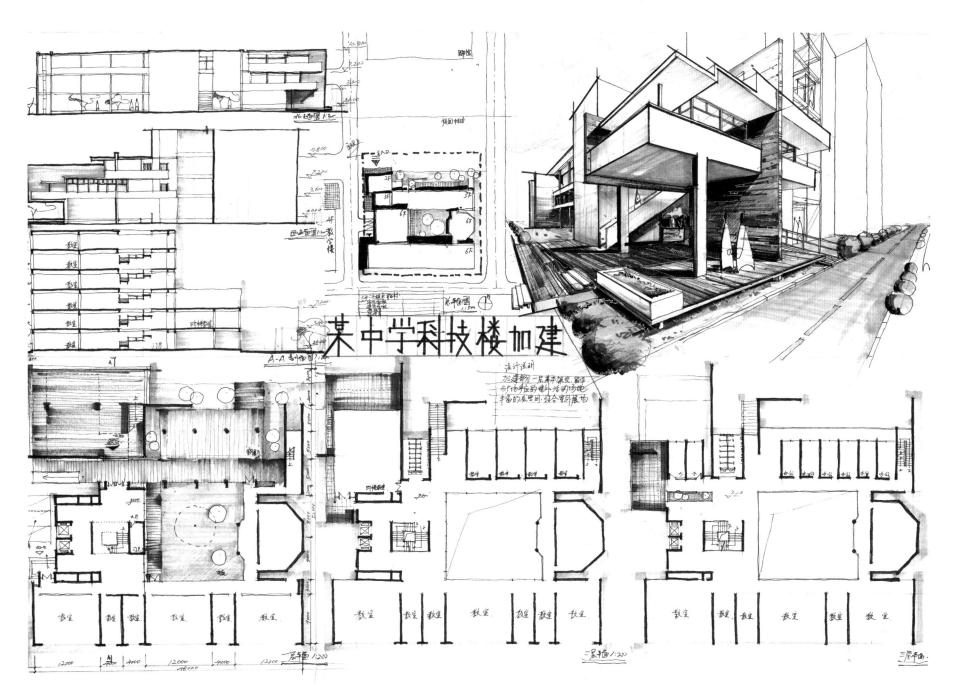

某中学科技楼加建

设计说明
加建部分二层基本架空，留出
合适场地的室外活动场地
丰富的庭院空间·结合室外展场

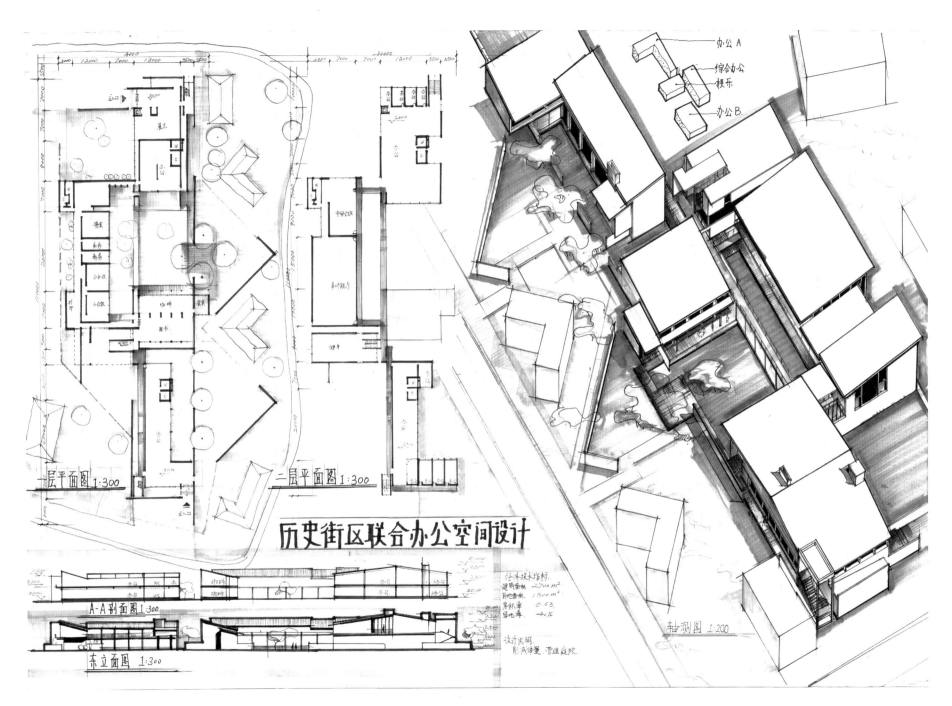

历史街区联合办公空间设计

一层平面图 1:300

二层平面图 1:300

A-A剖面图 1:300

东立面图 1:300

轴测图 1:200

办公 A
综合办公
娱乐
办公 B.

经济技术指标:
建筑面积: 2700 m²
用地面积: 1300 m²
容积率: 0.53
绿地率: 40%

设计说明:
形成体量·营造庭院.

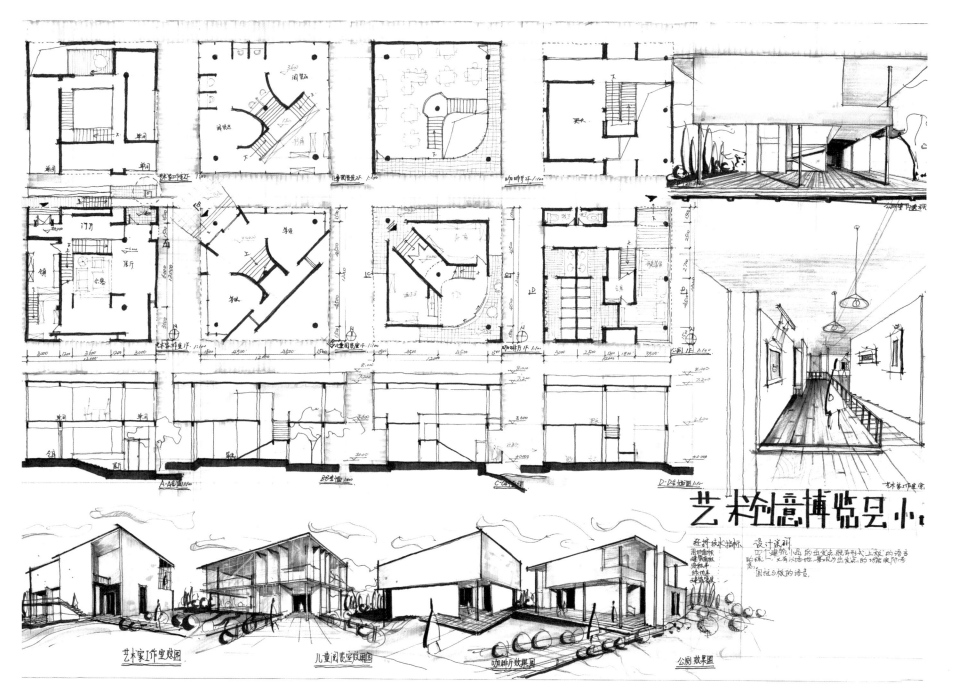

艺术创意博览县小

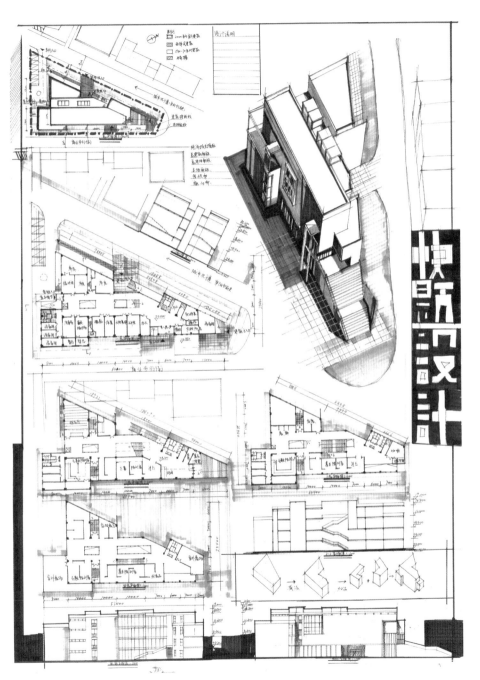

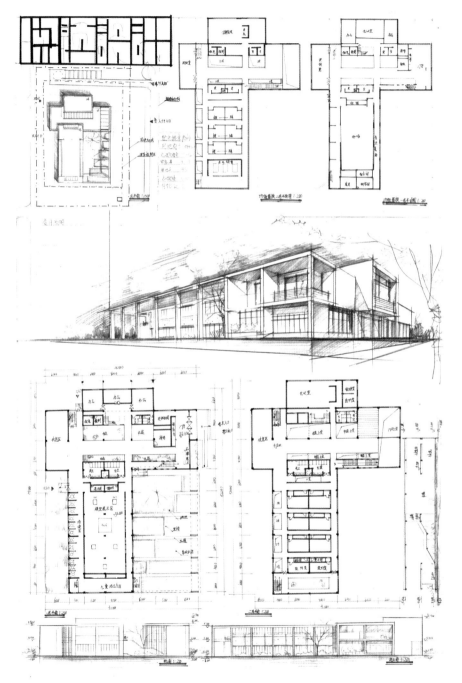

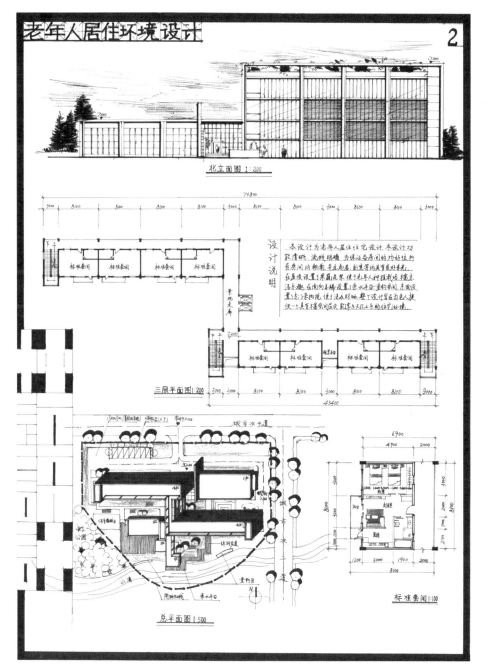

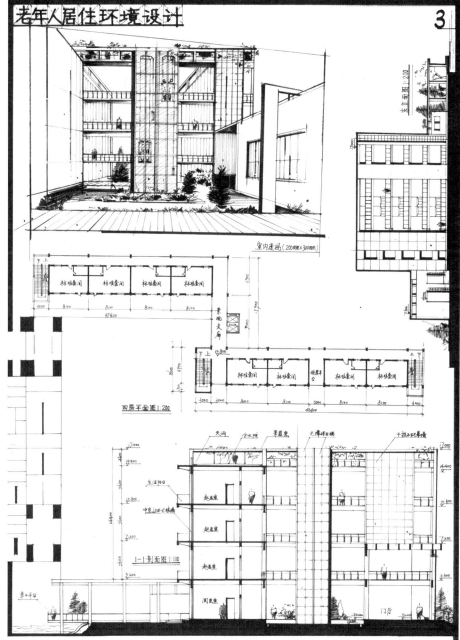

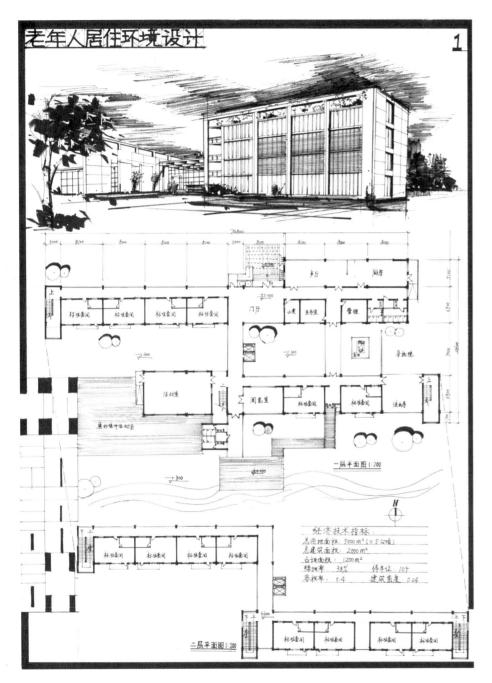

一层平面图1:200

二层平面图1:200

经济技术指标：
总用地面积：5000 m²（0.5公顷）
总建筑面积：2000 m²
占地面积：1200 m²
绿地率：38%
停车位：10个
容积率：0.4
建筑密度：0.24

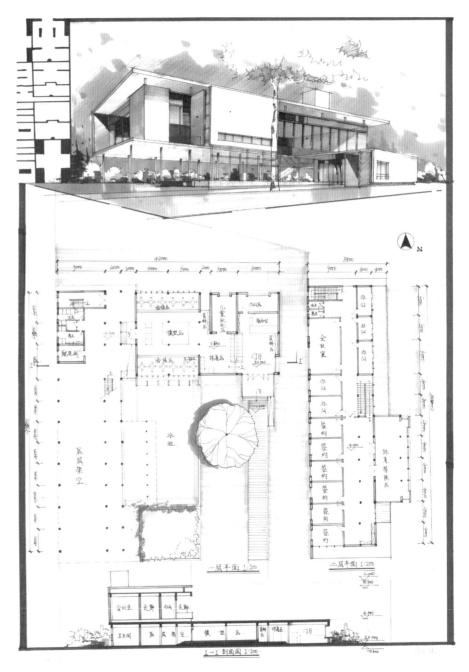

一层平面图1:200

二层平面图1:200

1-1剖面图1:200

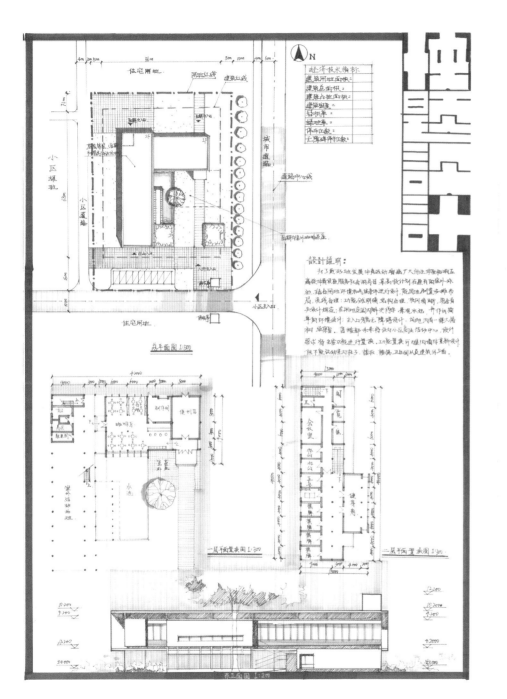

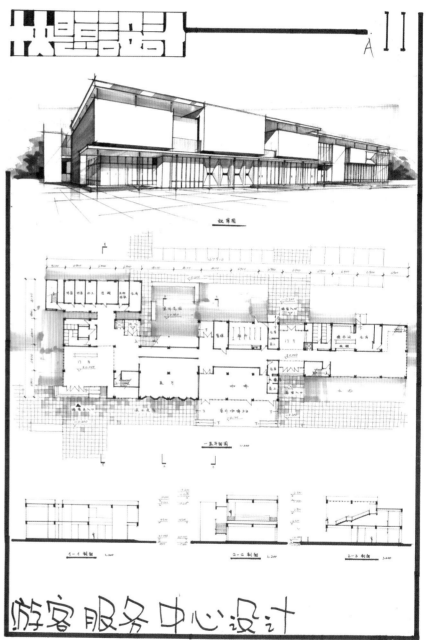

设计说明：

游客服务中心设计

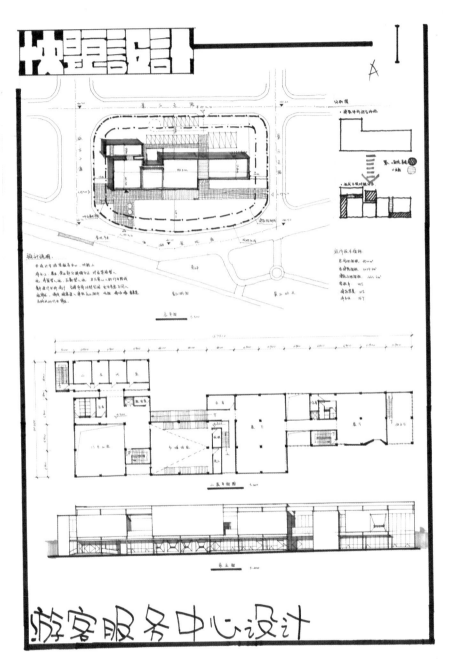

快題設計

游客服务中心设计

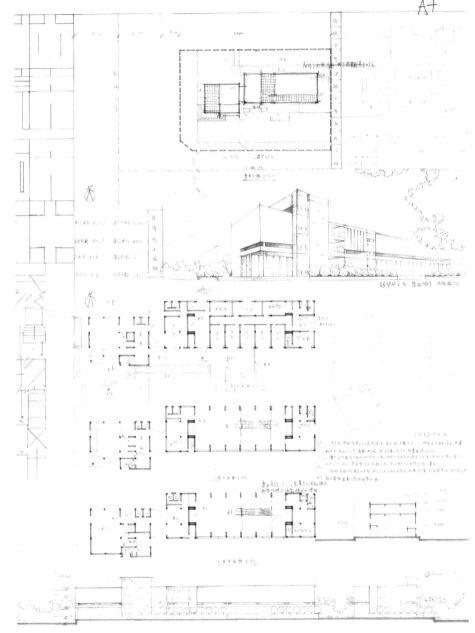

A+

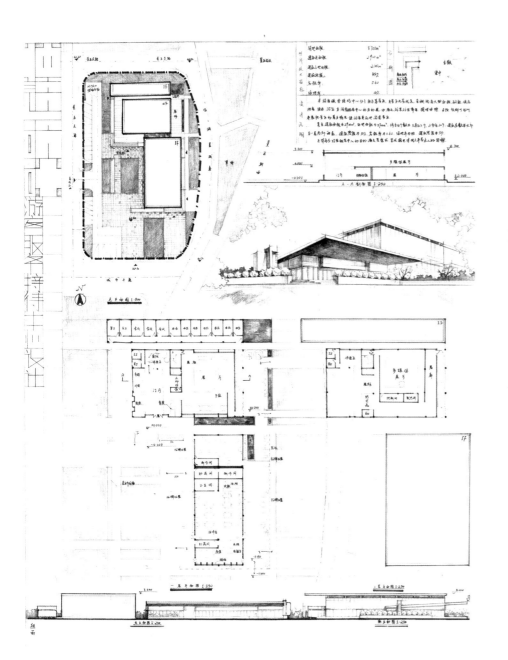

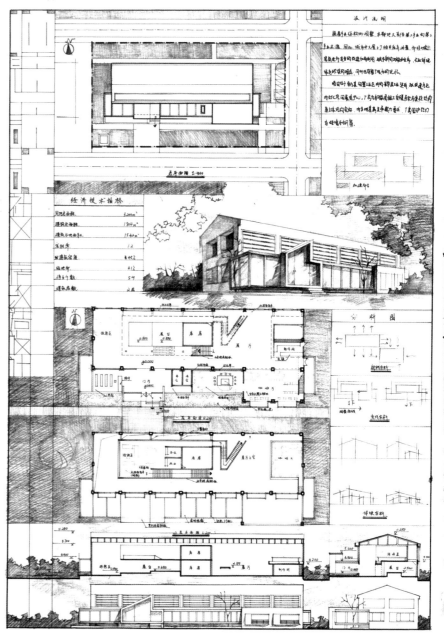

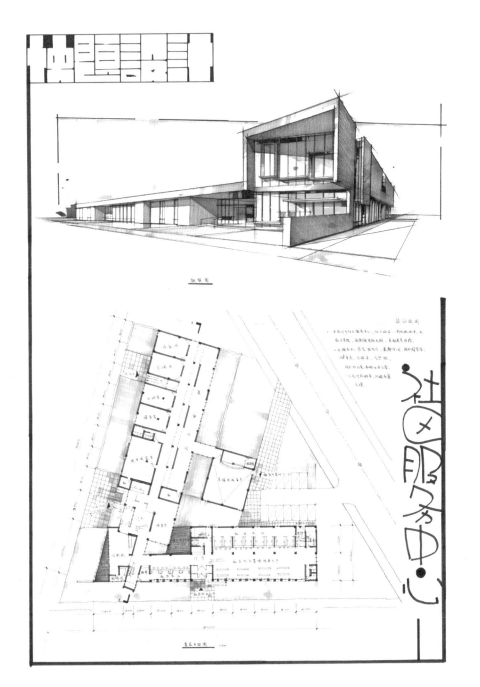

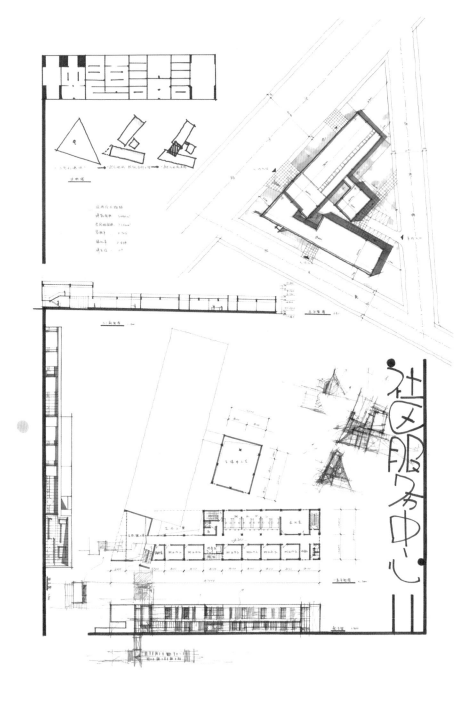

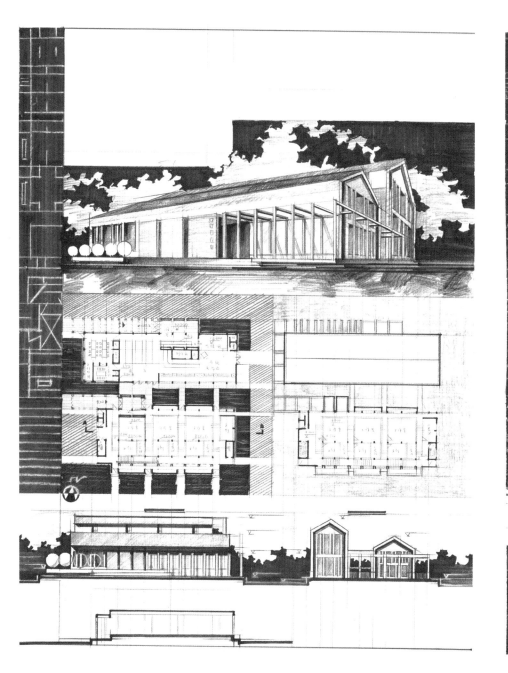

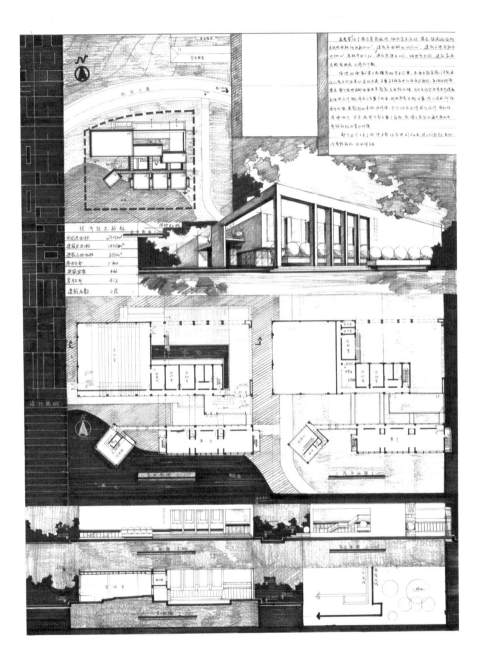

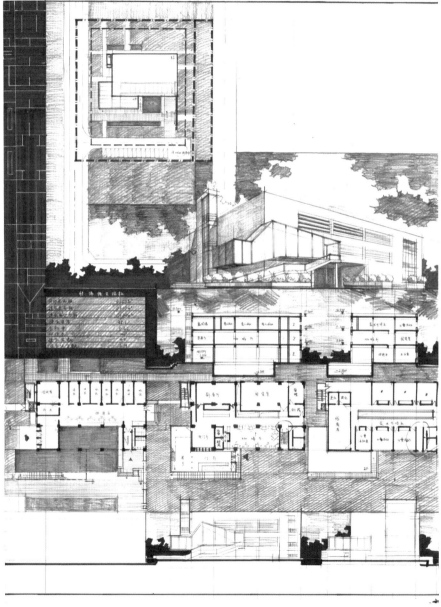

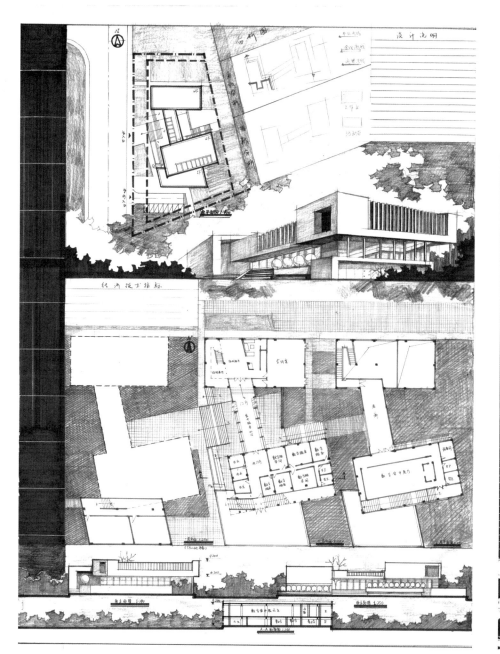

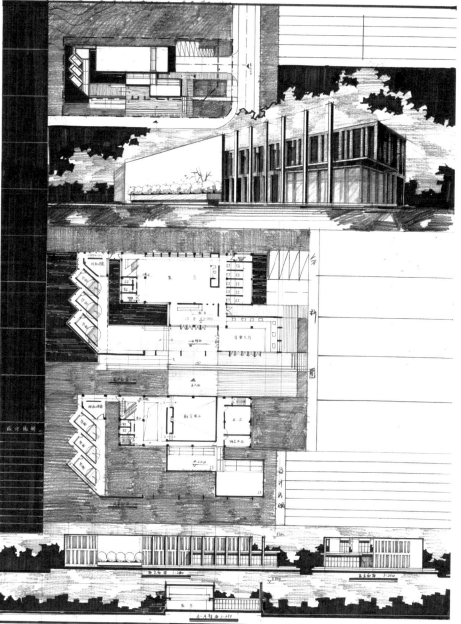

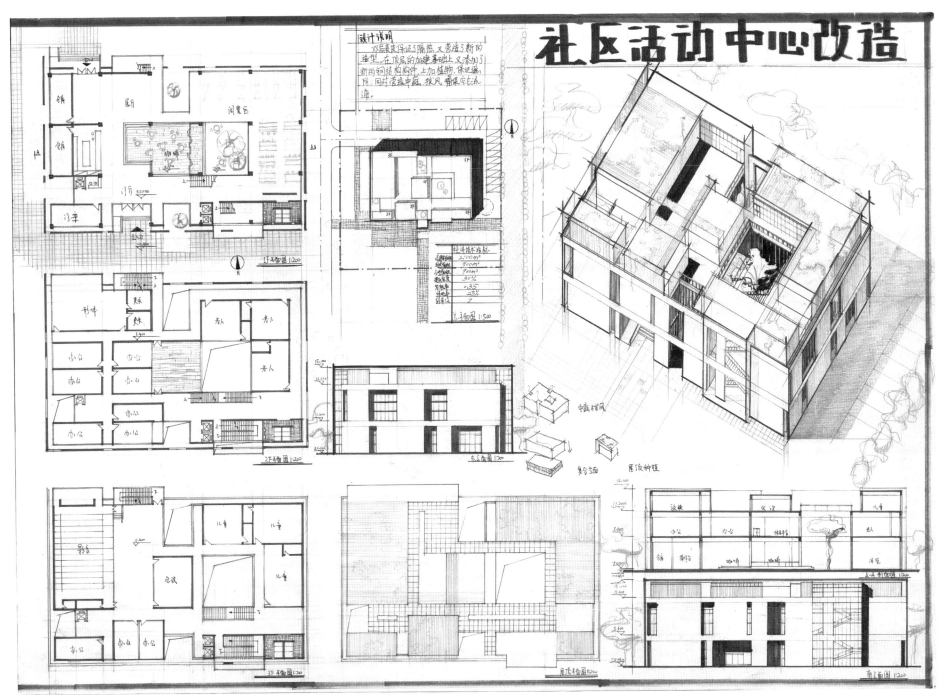

社区活动中心改造

设计说明
双层表皮保证了隔热又营造了新的
造型，在顶层的加建基础上又添加了
新的钢结构构件上加植物，保证遮
阳，同时营造中庭，拔风 确保气流
通。

经济技术指标
用地面积 2100m²
建筑面积 900m²
容积率 900m²
建筑密度 30%
绿化率 ·35
容积率 ·25%
停车位 7

总平面图 1:500

一层平面图 1:200

二层平面图 1:200

东立面图 1:200

出风 挡风

复合立面

屋顶种植

三层平面图 1:200

屋顶平面图 1:200

A-A剖面图 1:200

南立面图 1:200